Hougardy · Umwandlung und Gefüge unlegierter Stähle

Umwandlung und Gefüge unlegierter Stähle

Eine Einführung

Hans Paul Hougardy

2., neubearbeitete Auflage

Die 1. Auflage dieses Buches erschien unter dem Titel „Die Umwandlung der Stähle", Teil 1 und 2.

© 1990 Verlag Stahleisen GmbH, Düsseldorf
Unveränderter Nachdruck 2010

Das Werk einschließlich aller seiner Teile ist urheberrechtlich geschützt. Jede Verwertung außerhalb der engen Grenzen des Urheberrechtsgesetzes ist ohne schriftliche Zustimmung des Verlags unzulässig und strafbar. Das gilt insbesondere für Vervielfältigungen, Übersetzungen, Mikroverfilmungen und Einspeicherung und/oder Verarbeitung in elektronischen Systemen, insbesondere Datenbanken und Netzwerke.

Das vorliegende Werk wurde sorgfältig erarbeitet. Dennoch übernehmen Autoren, Herausgeber und Verlag für die Richtigkeit von Angaben, Hinweisen und Ratschlägen sowie für eventuelle Druckfehler keine Haftung.

In diesem Buch wiedergegebene Gebrauchsnamen, Handelsnamen und Warenbezeichnungen dürfen nicht als frei zur allgemeinen Benutzung im Sinne der Warenzeichen- und Markenschutz-Gesetzgebung betrachtet werden.

Inhalte, die auf Verordnungen, Vorschriften oder Regelwerken basieren, dürfen nur unter Berücksichtigung der jeweils neuesten Ausgabe in Originalfassung verwendet werden.

Ergänzungen, wichtige Hinweise oder Korrekturen, die nach Veröffentlichung bekannt werden, sind im Internet zu finden unter: www.stahleisen.de/errata

Printed in Germany
ISBN 978-3-514-00423-8

Vorwort

Die vorliegende Schrift soll die wesentlichen Vorgänge bei der Wärmebehandlung von unlegierten Stählen anhand des Zustandsschaubildes Eisen-Kohlenstoff sowie der Zeit-Temperatur-Austenitisierungs(ZTA)- und Zeit-Temperatur-Umwandlungs(ZTU)- Schaubilder sichtbar machen und damit dem Praktiker helfen, die täglich durchgeführten Wärmebehandlungen besser zu verstehen und Fehler zu vermeiden. Die entstehenden Gefüge werden ausführlich an Bildbeispielen erläutert, wobei versucht wird, wesentliche Merkmale herauszustellen. Damit soll die Erkennung von Gefügeausbildungen erleichtert werden, wie sie nach technischen Wärmebehandlungen auftreten. Hierzu dienen auch Hinweise zu dem Verhalten der Gefüge gegenüber metallographischen Ätzverfahren. Die Vielfalt der Gefüge kann im Rahmen einer derartigen Schrift jedoch nicht umfassend dargelegt werden, es war eine Beschränkung auf wesentliches erforderlich. Neben der Beschreibung der Ausbildung der Gefüge wird ihr Einfluß auf kennzeichnende mechanische Eigenschaften erläutert.

Diese Veröffentlichung ist hervorgegangen aus den Heften „Die Umwandlung der Stähle", Teile 1 und 2. Diese Hefte stehen im Medienverbund mit den Filmen „In mancherlei Gestalt, die Umwandlung der Kohlenstoffstähle"[*]) und „Für vielerlei Zwecke, die Wärmebehandlung unlegierter Stähle"[*]) sowie den Lichtbildvorträgen L 112 und L 113[*]). Die vorliegende Zusammenfassung der beiden Hefte ist erweitert und geht inhaltlich über die in den oben genannten Medien enthaltenen Darstellungen hinaus.

---

[*]) Im Verleih des Vereins Deutscher Eisenhüttenleute, Düsseldorf.

Inhaltsübersicht

1.	Einleitung	1
2.	Reine Metalle	3
2.1	Das Atom	3
2.2	Das Kristallgitter	3
2.3	Reines Eisen	5
3.	Legierungen	11
3.1	Mischkristalle und Verbindungen	11
3.2	Zustandsschaubilder	11
3.2.1	Definitionen	11
3.2.2	Völlige Mischbarkeit im flüssigen und festen Zustand	14
3.2.3	Völlige Mischbarkeit im flüssigen Zustand, völlige Unlöslichkeit im festen Zustand	18
4.	Das Zustandsschaubild Eisen-Kohlenstoff	21
4.1	Die Einlagerung von Kohlenstoff in Eisen	21
4.2	Das Zustandsschaubild Fe-Fe$_3$C (metastabiles Gleichgewicht)	23
4.2.1	Übersicht	23
4.2.2	Der eutektoidische Bereich	25
	Die eutektoidische Legierung	25
	Untereutektoidische Legierungen	26
	Übereutektoidische Legierungen	27
4.2.3	Der eutektische Bereich	29
	Die eutektische Legierung	29
	Untereutektische Legierungen	29
	Übereutektische Legierungen	29
4.2.4	Der Bereich der Mischbarkeit im festen und flüssigen Zustand	31
4.2.5	Der peritektische Bereich	32
4.3	Das Zustandsschaubild Fe-C (stabiles Gleichgewicht)	34
5.	Technische Stähle	37
6.	Das Austenitisieren	41
6.1	Das Austenitisieren untereutektoidischer Stähle	41
6.1.1	Isothermisches Austenitisieren	41
6.1.2	Austenitisieren mit kontinuierlichem Erwärmen	47
6.2	Das Austenitisieren übereutektoidischer Stähle	50
6.3	Einfluß der chemischen Zusammensetzung und des Ausgangszustandes auf die Bildung des Austenits	53
6.4	Beeinflussung der Austenitkorngröße	55
6.5	Technische Austenitisierung	57

7.	**Die Umwandlung**	59
7.1	Die bei der Umwandlung entstehenden Gefüge	59
7.1.1	Ferrit, Carbid, Perlit	60
7.1.2	Martensit	65
7.1.3	Bainit	71
7.1.4	Gefüge nach Anlassen	74
7.2	Gefüge und mechanische Eigenschaften	76
7.3	Die Umwandlung untereutektoidischer Stähle	81
7.3.1	Die isothermische Umwandlung	81
7.3.2	Die Umwandlung bei kontinuierlicher Abkühlung	90
7.4	Die Umwandlung übereutektoidischer Stähle	104
7.4.1	Die isothermische Umwandlung	104
7.4.2	Die Umwandlung bei kontinuierlicher Abkühlung	106
7.5	Einfluß der chemischen Zusammensetzung und des Ausgangszustandes auf die Umwandlung	108
7.6	Der Einfluß der Austenitisiertemperatur auf die Umwandlung	109
8.	**Die Anwendung der ZTA- und der ZTU-Schaubilder bei technischen Wärmebehandlungen**	113
8.1	Die Änderung von Gefüge und Härte mit dem Querschnitt technischer Werkstücke	113
8.2	Wärmebehandlungen zum Einstellen des Verarbeitungszustandes	120
8.2.1	Normalglühen	120
8.2.2	Weichglühen und Glühen auf kugelige Carbide	121
8.2.3	Grobkornglühen	124
8.2.4	Patentieren	125
8.3	Wärmebehandlungen zum Einstellen der Gebrauchseigenschaften	126
8.3.1	Härten	126
8.3.2	Vergüten	127
8.4	Durch Wärmebehandlung verursachte Spannungen	132
8.4.1	Die Entstehung von Spannungen	132
8.4.2	Warmbadhärten zur Minderung von Spannungen	135
9.	**Prüfung der Eignung zur Wärmebehandlung**	137
9.1	Der Stirnabschreckversuch	137
9.2	Ermittlung der günstigsten Härtetemperatur	138
9.3	Berechnung der Vorgänge bei der Wärmebehandlung	140
10.	**Hilfen zum Erkennen von Gefügen**	145
11.	**Kennzeichnung von Korngrößen**	147
12.	**Literatur**	149
13.	**Sachverzeichnis**	153

1. Einleitung

Stähle sind auf dem Grundelement Eisen aufgebaute, komplexe Legierungen, deren Eigenschaften durch genau festgelegte Behandlungen eingestellt werden. Das grundsätzliche Verhalten der unlegierten Stähle bei Wärmebehandlungen läßt sich zurückführen auf die Änderung der Kristallstruktur des reinen Eisens mit der Temperatur und die unterschiedlichen Löslichkeiten des Kohlenstoffs in den verschiedenen Kristallarten, wie sie für das Gleichgewicht in dem „Zustandsschaubild Eisen-Kohlenstoff" beschrieben werden, das ausführlich erläutert wird.

Der erste Schritt einer Wärmebehandlung unlegierter Stähle ist die Austenitisierung, die unter technischen Bedingungen nicht durch das Zustandsschaubild beschrieben werden kann, sondern nur durch die Zeit-Temperatur-Austenitisierungs(ZTA)-Schaubilder. Die vielfältigen Einsatzmöglichkeiten des Werkstoffes Stahl werden durch die gezielte Behinderung der Umwandlung des Austenits während der Abkühlung erreicht. Es entsteht eine Vielzahl nicht dem Gleichgewicht entsprechender Anordnungen von Ferrit und Carbid mit jeweils kennzeichnenden Eigenschaften. Dies kann ebenfalls nicht durch das Zustandsschaubild beschrieben werden, sondern nur durch die Zeit-Temperatur-Umwandlungs(ZTU)-Schaubilder, von denen die unter den jeweiligen Bedingungen entstehenden Gefüge abzulesen sind. Weitere Wärmebehandlungen wie Anlassen, Weichglühen und Grobkornglühen stellen eine gezielte Annäherung eines vorliegenden Ungleichgewichtszustandes an das Gleichgewicht dar. Dieser Gliederung folgt der Aufbau des Buches.

Die Darstellung beschränkt sich auf Wärmebehandlungen mit durchgreifender Erwärmung. Die Verfahren der Randschichtbehandlung wie Flammhärten, Einsatzhärten, Nitrieren oder Beschichten werden nicht besprochen. Ebenso sind die Gebiete der thermomechanischen Behandlung, der Rekristallisation und des Spannungsarmglühens ausgenommen. Nicht behandelt werden Dualphasen- und Duplex-Gefüge. In allen genannten Fällen wären zum Verständnis des Verhaltens der jeweiligen Gefüge unter Beanspruchung so weitgehende Informationen erforderlich, daß der vorgesehene Rahmen dieses Buches gesprengt würde.

Die besprochenen Wärmebehandlungen, wie das Vergüten, werden nur soweit behandelt, wie es zum Verständnis des Grundsätzlichen erforderlich ist. Stähle, die mit der Zusicherung bestimmter mechanischer Eigenschaften verkauft werden, wie die Stähle St 35 oder StE 690, dürfen nicht wärmebehandelt werden, soll nicht die Zusage über die Einhaltung der Eigenschaften verloren gehen. Nach einer Schweißung kann jedoch die Beurteilung der Gefügeausbildung dieser Stähle in einer Wärmeeinflußzone wichtig sein. Entsprechende Gefüge werden daher besprochen.

Es ist nicht möglich, auf die Vielfalt der vorhandenen Glüheinrichtungen und Fertigungsverfahren im einzelnen einzugehen, zumal auf diesem Gebiet die Entwicklung zu schnellen Veränderungen führt. Um so wichtiger ist es, die grundlegenden Zusammenhänge zu kennen. Die gebotenen Grundlagen geben die Möglichkeit, die Wärmebehandlung nicht aufgeführter Sonderfälle selbst zu erarbeiten. Soweit es für die Darstellung bestimmter Vorgänge sinnvoll erscheint, werden neben den unlegierten Stählen auch einige legierte Stähle beschrieben, ohne daß alle Besonderheiten legierter Stähle berücksichtigt werden. Die Konzentrationsangaben sind - soweit nicht anders vermerkt - Massengehalte in %. Der Ausdruck „Gefügeanteile" bezeichnet - soweit nicht anders vermerkt - Angaben in Volumen-Prozent. Da der Sinn dieses Buches die Vermittlung von Zusammenhängen ist, wurden einige aus der Literatur übernommene Diagramme und Zahlenwerte einander angepaßt bzw. interpoliert. Die so entstandenen Abbildungen geben das Werkstoffverhalten wieder, wie man es nach Messungen an ein und derselben Schmelze des angegebenen Stahles erhalten würde.

Einige Farbdarstellungen wurden aus den im Vorwort genannten Lichtbildvorträgen übernommen, soweit sie ergänzende Informationen liefern. Zu den Gefügeaufnahmen ist die in der Metallographie übliche Kurzangabe der verwendeten Ätzmittel vermerkt. Die genaue Zusammensetzung ist in dem Heft „Metallographisches Ätzen" von Petzow und Mitarbeitern angegeben. Berechnungen einzelner Zahlenwerte, Ableitungen von Formeln und Beschreibungen von Einzelfragen sowie ausführliche Erläuterungen zum Lesen einzelner Diagramme sind für einen ersten Überblick nicht wesentlich und wurden daher eingerückt und klein gedruckt. Der Text ist so abgefaßt, daß diese Abschnitte ohne Verlust des Zusammenhanges zu überschlagen sind. Für eine Vertiefung und ein besseres Verständnis können sie nachgelesen werden. Bei den Zahlenbeispielen sind Zwischenergebnisse abgerundet angegeben worden, die Endergebnisse aber mit größerer Genauigkeit berechnet und wiederum abgerundet angegeben. Eine Berechnung der Endergebnisse aus den abgerundeten Zwischenergebnissen kann daher zu Abweichungen zwischen berechnetem und angegebenem Wert führen.

Die in diesem Buch gemachten Aussagen sind nur dann mit Literaturangaben belegt, wenn es sich um weitgehend wörtliche Zitate oder von anderen Autoren übernommene Bilder handelt. Dieser Weg wurde gewählt, da mit den 1984/85 erschienenen Bänden 1 und 2 der „Werkstoffkunde Stahl" eine umfassende Darstellung der metallkundlichen und werkstoffkundlichen Grundlagen vorliegt. Wieder lieferbar ist der Band „De Ferri Metallographia II, Gefüge der Stähle", der eine mit zahlreichen licht- und elektronenoptischen Aufnahmen belegte Zusammenstellung der Gefüge von Stählen enthält. Dieses Buch und weitere im Literaturverzeichnis unter 'Bücher' angegebene Werke ermöglichen eine Vertiefung des in diesem Buch Dargestellten.

2 Reine Metalle

2.1 Das Atom

Bausteine aller Stoffe auf unserer Erde sind die rd. 92 chemischen Elemente, Stoffe, die chemisch nicht weiter zerlegbar sind. Zwei oder mehr Elemente können zu einer chemischen Verbindung zusammentreten. Die zwischen den 92 Elementen möglichen Verbindungen ergeben die Vielzahl von Stoffen, welche in der belebten und der unbelebten Natur vorkommen, einschließlich der metallischen und nichtmetallischen Werkstoffe und der Kunststoffe.

Den kleinsten Baustein eines Elementes bezeichnet man nach einem von dem griechischen Philosophen Demokrit (460 - 370 v. Chr.) geprägten Begriff als Atom (griechisch: *atomos*, unteilbar). Heute kann man ein Atom mit physikalischen Mitteln in weitere Bestandteile, wie Protonen, Neutronen, Elektronen, zerlegen, die aber nicht mehr die Eigenschaften des jeweiligen Elementes besitzen.

2.2 Das Kristallgitter

In kristallinen Stoffen, zum Beispiel festem Eisen, sind die einzelnen Atome gesetzmäßig angeordnet. Diese als Kristallstruktur bezeichneten Anordnungen, die kennzeichnend für die Eigenschaften eines Werkstoffes sind, werden durch „Elementarzellen" beschrieben, deren Bedeutung im folgenden an einem Beispiel erläutert werden soll.

Bild 1 zeigt ein Muster aus geometrischen Figuren, das nach allen Seiten beliebig ausgedehnt sein soll. Zur Beschreibung der gesamten Anordnung genügt jedoch die Angabe der Art der Figuren und ihres Abstandes in der durch Umrahmung hervorgehobenen **Elementarfläche**, durch deren Aneinanderreihen das gesamte Muster entsteht, solange die Abstände der Figuren gleich sind. Man bezeichnet derartige Anordnungen als **ferngeordnet**: Über große Entfernungen hinweg kann man Art und Abstand der Figuren genau angeben. Bei der Auszählung der Elemente einer Elementarfläche ist zu beachten, daß in Bild 1 ein □ zu vier verschiedenen Elementarflächen gehört, ein O und ein △ zu zweien, ein L nur zu einer. Eine Elementarfläche enthält somit

$1 L,$
$2 \cdot 1/2 = 1 O,$
$2 \cdot 1/2 = 1 \triangle$ und
$4 \cdot 1/4 = 1 \square.$

Bild 1: Beschreibung eines Musters aus geometrischen Figuren durch eine Elementarfläche

Diese Art der Beschreibung wird in gleicher Form auf die räumliche Anordnung von Atomen in Metallen angewendet. Man wählt zur Beschreibung eine **Elementarzelle**, die im einfachsten Fall ein Würfel - auch Kubus genannt - ist, an dessen Ecken sich je ein Atom befindet, _Bild 2_. Durch diese Darstellung der Elementarzelle ist der gesamte Gitterverband zu beschreiben, er ergibt sich analog zu Bild 1 durch Aneinanderreihen einzelner Elementarzellen in allen Richtungen des Raumes. Jedes Atom der in Bild 2 dargestellten **kubisch-primitiven Zelle** gehört zu insgesamt 8 Zellen, so daß eine Zelle mit 8 Ecken 8 · 1/8 = 1 Atom enthält. Die Kantenlänge dieses Würfels bezeichnet man als **Gitterabstand** oder **Gitterkonstante**. Bei der in Bild 2 gewählten Darstellung einer Elementarzelle ist zu beachten, daß die mit kleinen Kugeln gekennzeichneten Punkte die mittlere Lage der Atomschwerpunkte angeben. Das Bild beschreibt daher lediglich die **Anordnung** der Atome, nicht ihre wirkliche Ausdehnung.

Bild 2: *Atomanordnung in einem kubisch-primitiven Gitter*

Bereiche, in denen Atome ferngeordnet sind, bezeichnet man als **Kristalle** (griechisch: _krystallos_, Eis, Quarz). Quarz (Bergkristall) bildet zum Beispiel große Kristalle, welche - durch die Kristallstruktur vorgegebene - gesetzmäßig angeordnete Begrenzungsflächen haben. Technische Werkstoffe bestehen jedoch in der Regel nicht aus einem einzelnen Kristall, sondern aus vielen kleinen Kristallen, deren Elementarzellen jeweils eine etwas andere Lage im Raum haben. Diese kleinen Kristalle, die auch als **Kristallite** oder **Körner** bezeichnet werden, haben in Stählen vielfach die Form eines Polyeders (griechisch: viele Flächen), _Bild 3_, mit einem Durchmesser zwischen 0,01 und 0,1 mm. Diese Durchmesser bezeichnet man auch als **Korngröße**. Sie können z.B. gemessen werden als Abstand zwischen zwei parallelen Ebenen, die von außen an ein Korn angelegt werden. Eine andere Meßgröße ist die mittlere Länge von Geraden, die in beliebiger Richtung durch das Korn gelegt werden. Macht man dies in einer Schliffebene, so erhält man das mittlere Linienschnittsegment nach DIN 50601 als recht gutes Maß für die Korngröße, wenn es auch der dreidimensionalen Größe nicht entspricht. Die dreidimensionale Oberfläche der einzelnen Körner kann dagegen in einer Schnittfläche genau vermessen werden. Hierauf wird in Abschnitt

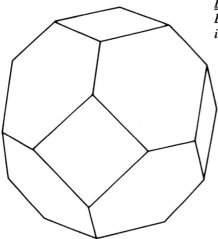

Bild 3: Vierzehnflächiges Polyeder.
Eine ähnliche Form haben einzelne Kristallite in Stählen

6.1.1 näher eingegangen. Nur innerhalb eines Kornes sind die Atome ferngeordnet. In einem Korn mit einem Durchmesser von 0,05 mm erstreckt sich diese Fernordnung in einer Richtung jedoch immer noch über rd. 170.000 Atome.

2.3 Reines Eisen

Reines Eisen ist **polymorph** (griechisch: *polymorphos*, vielgestaltig), das heißt, die Anordnung der Atome ändert sich mit der Temperatur. Bei Raumtemperatur bilden Eisenatome die in *Bild 4* dargestellte **kubisch-raumzentrierte** Anordnung. Entsprechend dem Brauch, die verschiedenen Gitterstrukturen mit griechischen Buchstaben zu benennen, bezeichnet man diese Anordnung als **α-Eisen**. Neben den Atomen an den Ecken liegt zusätzlich ein Atom in der Mitte des Würfels. Oberhalb von 911 °C geht die kubisch-raumzentrierte Gitterstruktur über in eine **kubisch-flächenzentrierte Struktur**, das **γ-Eisen**. Die in *Bild 5* gezeigte Elementarzelle dieses Gitters hat neben

Bild 4: Atomanordnung in einem kubisch-raumzentrierten Gitter

Bild 5: Atomanordnung in einem kubisch-flächenzentrierten Gitter

den Atomen an den Ecken zusätzlich Atome auf den Flächen des Würfels, jedoch kein Atom in der Mitte. Oberhalb von 1392 °C geht das γ-**Eisen** wieder über in ein kubisch-raumzentriertes Gitter, das δ-**Eisen**, das bei 1536 °C schmilzt.

Mit der Änderung der Anordnung der Atome eines Elementes ändern sich auch seine physikalischen und chemischen Eigenschaften. Die Bedeutung dieser Umwandlungen des Eisens für die physikalischen Eigenschaften soll am Beispiel der Dichte und der Längenänderung gezeigt werden, die sowohl aus den Abmessungen der Elementarzelle, der Anzahl der in ihr enthaltenen Atome und ihrem Gewicht berechnet werden können, als auch aus Dichtemessungen und Dilatometerversuchen zu ermitteln sind. Da für die Berechnung der Dichte die röntgenographisch bestimmte Gitterkonstante verwendet wird, bezeichnet man den Wert als **Röntgendichte**; deren Wert für α-Eisen bei 20 °C ist 7,88 g/cm³. Er stimmt sehr gut mit den an Proben gemessenen Werten von 7,85 g/cm³ überein.

Das bei Raumtemperatur beständige kubisch-raumzentrierte Eisen hat eine Gitterkonstante von 0,28662 nm (1 nm = 10^{-9} m). In der Metallphysik hat man für die Beschreibung von Gitterkonstanten zum Teil die Einheit Å(Ångström) verwendet. 1 nm entspricht 10 Å. Eine kubisch-raumzentrierte Elementarzelle enthält 8 · 1/8 Eckatome und ein Zentralatom, das heißt 2 Atome. Aus anderen Messungen weiß man, daß 6,023 · 10^{23} Atome Eisen eine Masse von 55,85 g haben. Diese Masse bezeichnet man als 1 Mol. Aus diesen Daten läßt sich bereits die Röntgendichte des Eisens ausrechnen.

Das Volumen der Elementarzelle beträgt $0,28662^3$ = 0,023546 nm³. Die Elementarzelle enthält 2 Atome, das heißt, das Volumen je Atom beträgt 0,023546 : 2 = 0,011773 nm³ je Atom. 6,023 · 10^{23} Atome haben daher ein Volumen von 0,0709 · 10^{23} nm³. Sie haben eine Masse von 55,85 g. Damit beträgt die Dichte 55,85 : (0,0709 · 10^{23}) = 787,7 · 10^{-23} g/nm³. Mit der Umrechnung 1 cm = 10^7 nm ergibt sich: 1 cm³ = 10^{21} nm³ und für die Dichte der Wert 7,88 g/cm³.

Im folgenden soll die oben durchgeführte Rechnung in Form einer Gleichung geschrieben werden, die später noch verwendet wird. Bezeichnet man die Gitterkonstante mit a, die Anzahl von 6,023 · 10^{23} Atomen mit L, die Masse dieser Atome - die Atommasse - mit A, die Anzahl der Atome je Elementarzelle mit n, den Maßstabsfaktor für die Umrechnung von nm³ auf cm³ mit F und die Röntgendichte mit ρ_x, so ergeben sich für α-Eisen bei 20 °C folgende Zahlen: a = 0,28662 nm, L = 6,023 · 10^{23} Atome je Mol, A = 55,85 g je Mol, n = 2 Atome je Elementarzelle und F = 10^{21} nm³ je cm³. Die oben ausgeführte Rechnung läßt sich dann allgemein in der Form schreiben:

$$\rho_x = (A : \frac{a^3 \cdot L}{n}) \cdot F = \frac{A \cdot n \cdot F}{a^3 \cdot L} \text{ g} \cdot \text{cm}^{-3}. \tag{1}$$

Das kubisch-flächenzentrierte Eisen hat bei 911 °C eine Gitterkonstante von a = 0,36462 nm. Eine Elementarzelle enthält 8 · 1/8 Eckatome + 6 · 1/2 Atome auf den Flächen, das heißt 4 Atome, n ist gleich 4. Aus Gleichung (1) ergibt sich:

$$\rho_x = \frac{55,85 \cdot 4 \cdot 10^{21}}{0,36462^3 \cdot 6,023 \cdot 10^{23}} = 7,65 \text{ g/cm}^3.$$

Die Berechnung der Röntgendichte des kubisch-flächenzentrierten Eisens bei 911 °C, der niedrigsten Temperatur, bei der es beständig ist, ergibt 7,65 g/cm³. Dieser Wert kann nicht unmittelbar mit dem des kubisch-raumzentrierten Eisens bei Raumtemperatur verglichen werden, da die Gitterkonstante mit steigender Temperatur größer wird, das Eisen dehnt sich aus. In *Tafel 1* sind die Gitterkonstanten sowie die daraus berechneten Röntgendichten der Eisenmodifikationen bei Raumtemperatur, den

Umwandlungstemperaturen und am Schmelzpunkt zusammengestellt. Bei 911 °C ist die Gitterkonstante und damit die Elementarzelle des γ-Eisens größer als die des α-Eisens. Wegen der größeren Packungsdichte der Atome im γ-Eisen ist bei 911 °C in dieser Modifikation die Dichte jedoch größer als im α-Eisen.

Eine Dichteänderung bedeutet nichts anderes, als daß sich bei Erwärmung eines Werkstückes sein Volumen ändert. Mißt man diese Änderung in einer Richtung, so ergibt sich die **lineare Ausdehnung**, die unmittelbar aus der Temperaturabhängigkeit der Gitterkonstanten abzuleiten ist.

Das Volumen V von G Gramm Eisen ist gegeben durch den Kehrwert der Dichte, multipliziert mit der Masse G: $V = G/\rho$ cm³. Geht man davon aus, daß das Eisen in Form eines Würfels vorliegt, so ist seine Kantenlänge $K = \sqrt[3]{G/\rho}$ cm. ρ und damit K ändern sich mit der Temperatur, was durch die Schreibweise $K_T = \sqrt[3]{G/\rho_T}$ cm ausgedrückt wird. Bezieht man die Kantenlänge auf die Ausgangslänge K_0, so erhält man die relative Länge

$$\ell_T = \frac{K_T}{K_0}.$$

yFür $K_T = K_0$ ist $\ell_T = 1 = \ell_0$.
Ist T_0 die Ausgangstemperatur, so ist:

$$\ell_T = \frac{K_T}{K_{T_0}} = \frac{\sqrt[3]{G/\rho_T}}{\sqrt[3]{G/\rho_{T_0}}} = \sqrt[3]{\frac{\rho_{T_0}}{\rho_T}}.$$

Setzt man für ρ die Röntgendichte ρ_x nach Gleichung (1) ein, so ist:

$$\ell_T = \sqrt[3]{\frac{\frac{A \cdot n_{T_0} \cdot F}{a_{T_0}^3 \cdot L}}{\frac{A \cdot n_T \cdot F}{a_T^3 \cdot L}}} = \sqrt[3]{\frac{A \cdot n_{T_0} \cdot F}{a_{T_0}^3 \cdot L} \cdot \frac{a_T^3 \cdot L}{A \cdot n_T \cdot F}}.$$

Tafel 1: Gitterkonstanten und Röntgendichten der Eisenmodifikationen bei Raumtemperatur, bei den Umwandlungstemperaturen und am Schmelzpunkt

Temperatur °C	Struktur*	Bezeichnung	Anzahl der Atome je Elementarzelle	Gitterkonstante nm	Röntgendichte g/cm³	Relative Länge berechnet
20	krz	α	2	0,28662	7,876	1
911	krz	α	2	0,29041	7,572	1,0132
911	kflz	γ	4	0,36462	7,652	1,0097
1392	kflz	γ	4	0,36876	7,397	1,0211
1392	krz	δ	2	0,29319	7,359	1,0229
1536	krz	δ	2	0,29413	7,288	1,0262

* krz = kubisch-raumzentriert
  kflz = kubisch-flächenzentriert

A, F und L sind temperaturabhängige Größen und daher in Zähler und Nenner gleich. Daraus folgt:

$$\ell_T = \sqrt[3]{\frac{n_{T_0} \cdot a_T^3}{n_T \cdot a_{T_0}^3}} = \frac{a_T}{a_{T_0}} \cdot \sqrt[3]{\frac{n_{T_0}}{n_T}}.\tag{2}$$

Für $a_T = a_{T_0}$ und $n_{T_0} = n_T$ ist $\ell_T = 1 = \ell_0$, wie oben gefordert. In Tafel 1 sind die so errechneten relativen Längen für die einzelnen Eisenmodifikationen angegeben.

In *Bild 6* ist - errechnet aus den Gitterkonstanten - die relative Längenänderung $\Delta\ell = \ell_T - \ell_0$ für reines Eisen in Abhängigkeit von der Temperatur aufgetragen. ℓ_0 ist die Ausgangslänge bei 20 °C. ℓ_T ist die Länge bei der jeweiligen Temperatur. Bei 20 °C ist $\Delta\ell = 0$. Derartige Kurven können unmittelbar mit einem Dilatometer (Gerät zur Messung von Längenänderungen mit der Temperatur) gemessen werden. In Tafel 1 sind die Werte der relativen Länge ℓ_T für einige Temperaturen angegeben. Multipliziert man die relative Länge ℓ mit einer realen Länge L, so erhält man die Änderung der Länge z.B. eines realen Stabes. Ist für einen Eisenstab bei Raumtemperatur $L_0 = 1$ m, so ist $\ell_0 \cdot L_0 = 1$ m. Aus der Kurve in Bild 6 sowie Tafel 1 ist abzulesen, daß dieser Eisenstab sich bei einer Erwärmung auf 911 °C auf 1,0132 m, das heißt um 13,2 mm ausdehnt. Bei der Umwandlung schrumpft er um 3,5 mm. Vor dem Aufschmelzen hat er eine Länge von 1,026 m, das heißt, er ist 26 mm länger geworden. Die Zahlenwerte machen deutlich, daß für eine sehr genaue Ermittlung der Abmessungen von Werkstücken aus Stahl - dies gilt aber auch für andere Werkstoffe - auf vereinbarte, konstante Temperaturen während der Messung geachtet werden muß.

In der Technik wird die Längenänderung im allgemeinen durch einen **Ausdehnungskoeffizienten** beschrieben. Der Ausdehnungskoeffizient ist definiert als:

$$\alpha = \frac{L_T - L_0}{L_0 \cdot \Delta T} = \frac{\Delta L}{L_0 \cdot \Delta T}\ \text{grd}^{-1}.\tag{3}$$

T_0 ist die Ausgangstemperatur, T die jeweilige Temperatur. ΔT ist die Temperaturdifferenz $\Delta T = T - T_0$, innerhalb der die Ausdehnung gemessen wurde. In $\Delta L = L_T - L_0$ ist L_0 die bei der Temperatur T_0 gemessene Länge. L_T ist die Länge bei der

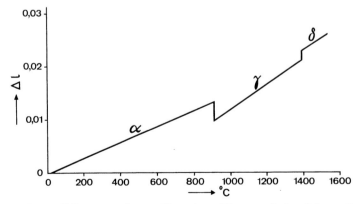

Bild 6: *Berechnete Dilatometerkurve für reines Eisen: relative Längenänderung in Abhängigkeit von der Temperatur. $T_0 = 20\,°C$*

Temperatur T. In *Tafel 2* sind die mittleren Ausdehnungskoeffizienten für das α-, γ- und δ-Eisen sowie die Längenänderungen bei den Umwandlungen wiedergegeben.

Der Ausdehnungskoeffizient des γ-Eisens ist deutlich größer als der des α-Eisens. Gleichung (3) kann man auch mit den relativen Längen schreiben.

$$\alpha = \frac{\ell_T - \ell_0}{\ell_0 \cdot \Delta T} \text{ grd}^{-1}.$$

Mit $\ell_0 = 1$ und Ersetzen von ℓ_T durch Gleichung (2) erhält man:

$$\alpha = \frac{\frac{a_T}{a_{T_0}} \cdot \sqrt[3]{\frac{n_{T_0}}{n_T}} - 1}{\Delta T} \text{ grd}^{-1}.$$

Der Ausdehnungskoeffizient ergibt sich unmittelbar aus den Gitterkonstanten. Die so errechneten Werte sind in der Tafel 2 als „berechnet" angegeben. Sie stimmen recht gut mit den dilatometrisch gemessenen Werten überein. Lediglich für das δ-Eisen ergeben sich größere Abweichungen, da die Messungen bei diesen hohen Temperaturen nur schwer durchzuführen sind. Die Länge bei einer Temperatur erhält man durch Auflösen der Gleichung (3) nach L_T:

$$L_T = L_0(1 + \alpha \cdot \Delta T) \quad \text{oder} \quad \ell_T = \ell_0(1 + \alpha \cdot \Delta T). \tag{4}$$

Bei der Auswertung von Messungen werden die Längenänderungen bei der Umwandlung im allgemeinen getrennt berücksichtigt. Die Ausdehnung bis 1392 °C zum Beispiel

Tafel 2: Mittlere Ausdehnungskoeffizienten von reinem Eisen

Temperaturbereich		Struktur	Bezeichnung	Mittlerer Ausdehnungskoeffizient im Bereich von T_1 bis T_2 in grd^{-1}	
T_1	T_2			berechnet	gemessen
20 °C	911 °C	kubisch-raumzentriert	α	$14{,}82 \cdot 10^{-6}$	$15{,}3 \cdot 10^{-6}$
911 °C	1392 °C	kubisch-flächenzentriert	γ	$23{,}60 \cdot 10^{-6}$	$22{,}0 \cdot 10^{-6}$
1392 °C	1536 °C	kubisch-raumzentriert	δ	$22{,}26 \cdot 10^{-6}$	$16{,}5 \cdot 10^{-6}$

Schrumpfung bei der α-γ-Umwandlung: 0,35 %
Ausdehnung bei der γ-δ-Umwandlung: 0,18 %

Berechnung der Gesamtausdehnung von reinem Eisen

Temperaturbereich	Gleichung
20 °C - 911 °C	$L_T = L_0 (1 + 14{,}8 \cdot 10^{-6} \cdot \Delta T)$
20 °C - 1392 °C, T > 911 °C	$L_T = L_0 \cdot 1{,}0097 \cdot [1 + 23{,}6 \cdot 10^{-6} (T - 911)]$
20 °C - 1536 °C, T > 1392 °C	$L_T = L_0 \cdot 1{,}0229 \cdot [1 + 22{,}3 \cdot 10^{-6} (T - 1392)]$

wird berechnet aus der Längenänderung des α-Eisens bis 911 °C, der Schrumpfung bei der α-γ-Umwandlung und der weiteren Ausdehnung des γ-Eisens. Da die Dehnungen bis 911 °C sowie die Schrumpfung bei der Umwandlung feste Werte sind, können sie zu Faktoren zusammengefaßt werden. Hieraus ergeben sich bei der Verwendung der berechneten Ausdehnungskoeffizienten die Gleichungen der Tafel 2. Sie gelten lediglich für reines Eisen. Bei unlegierten Stählen ist die Schrumpfung bei der α-γ-Umwandlung in erster Näherung gleich dem in Tafel 2 angegebenen Wert von 0,35 %, so daß durch Vorgabe der jeweiligen Umwandlungstemperaturen, z. B. nach Bild 16, die Gleichungen nach Tafel 2 angepaßt werden können. In den Zweiphasengebieten α+γ ist allerdings der Mengenanteil an α- und γ-Phase zu berücksichtigen, wie er z. B. in Bild 17 dargestellt ist.

Die Ausdehnung des Eisens mit steigender Temperatur kann benutzt werden, um Teile durch Schrumpfen miteinander zu verbinden. So kann ein Reifen auf eine Welle aufgeschrumpft werden.

Die Welle habe eine Temperatur von 20 °C und einen Durchmesser von 300,5 mm, der Reifen einen Innendurchmesser von 300 mm, der durch Erwärmen auf mindestens 300,6 mm vergrößert werden soll, damit der Reifen auf die Welle aufgezogen werden kann. Bei 300 mm Durchmesser ist der Innenumfang des Reifens 942 mm, der Innenumfang bei 300,6 mm Durchmesser ist 943,88 mm. Der Unterschied ΔL ist 1,88 mm. Aus Gleichung (3) ergibt sich:

$$\Delta T = \frac{\Delta L}{L_0 \cdot \alpha}.$$

Mit $\alpha = 15 \cdot 10^{-6}$ K^{-1} (vgl. Tafel 2) ist dann

$$\Delta T = \frac{1,88}{300 \cdot 15 \cdot 10^{-6}} = 418 \text{ °C}.$$

Diese Näherungsrechnung zeigt, daß der Reifen nach Erwärmen auf eine Temperatur über rd. 420 °C auf die Welle geschoben werden kann. Wird als Werkstoff Stahl verwendet, darf der Reifen jedoch nicht über 700 °C erwärmt werden, da dann nach Bild 16 die Bildung von Austenit beginnt, die bei reinem Eisen erst bei 911 °C einsetzt. Diese Austenitbildung wäre, wie bei reinem Eisen, Bild 6, mit einer Schrumpfung verbunden. Wie groß der Radienunterschied zwischen Welle und Reifen sein muß, um ausreichende Kräfte zu übertragen, muß getrennt berechnet werden (z. B. nach DIN 7190).

Alle anderen physikalischen Eigenschaften des Eisen, wie **Wärmeleitfähigkeit, spezifische Wärme, elektrischer Widerstand**, aber auch mechanische Größen, wie **Streckgrenze** und **Zähigkeit**, ändern sich wie die Länge in Bild 6 sprunghaft bei den Umwandlungstemperaturen, sobald das Eisen von einer Kristallstruktur in die andere umwandelt. Durch Messen derartiger Werte kann man daher die Temperaturlagen der Umwandlungen ermitteln. Gleichzeitig stellen die Umwandlungstemperaturen Grenzen für die Verarbeitung und den Einsatz von Stählen bei erhöhten Temperaturen dar. Die Ausdehnungskoeffizienten sowie weitere physikalische Eigenschaften technischer Stähle sind in einer Zusammenstellung von F. Richter enthalten.

3 Legierungen

3.1 Mischkristalle und Verbindungen

Reines Eisen wird praktisch nicht verwendet. Stahl besteht aus Eisen in Verbindung mit anderen Elementen, die entweder mit dem Eisen einen **Mischkristall** oder eine **Verbindung** bilden.

In das Atomgitter eines Elementes können andere Atome an Stelle der Grundatome eingebaut werden oder sich zwischen ihnen einlagern. In den in _Bild 7_ angedeuteten **Substitutionsmischkristallen** (lateinisch: _substituere_, ersetzen) liegen die Fremdatome B auf Gitterplätzen der Grundatome A. Bei den in Bild 7 dargestellten **Einlagerungsmischkristallen** liegen die Fremdatome C zwischen den Gitterplätzen der Grundatome. Sie entstehen, wenn die Fremdatome C im Vergleich zu den Grundatomen A klein sind und das Gitter genügend große „Löcher" hat. Die Gitterstruktur der Grundatome A bleibt in beiden Fällen bis auf eine mehr oder weniger große Änderung der Gitterkonstanten unverändert.

Man bezeichnet Mischkristalle auch als feste **Lösung**, da ihr Verhalten dem flüssiger Lösungen, wie zum Beispiel Zucker in Wasser, entspricht. In Mischkristallen sind die einzelnen Atomarten durch mechanische Verfahren nicht trennbar, im Gegensatz zu **Gemengen**, wie Kupfer- und Eisenpulver, die zum Beispiel durch Magnetabscheider trennbar sind.

Zwei oder mehr Atomarten können sich zu einem Molekül verbinden, das andere Eigenschaften hat als die einzelnen Atome. So bilden 2 Atome Wasserstoff (H) und 1 Atom Sauerstoff (O) das Molekül H_2O, das Wasser. Derartige Moleküle werden als **Verbindung** bezeichnet.

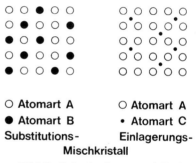

○ Atomart A 　　　○ Atomart A
● Atomart B　　　　• Atomart C
Substitutions-　　　Einlagerungs-
　Mischkristall

Bild 7: Substitutions- und Einlagerungsmischkristalle

3.2 Zustandsschaubilder

3.2.1 Definitionen

Nicht alle Elemente bilden mit dem Eisen Mischkristalle. Einige lassen sich lediglich mit Eisen vermengen, wie zum Beispiel Blei. Andere Elemente bilden Mischkristalle nur bis zu bestimmten Legierungsgehalten. Werden diese Gehalte überschritten, scheiden sich Verbindungen dieses Elementes mit dem Eisen, neue Phasen, aus, es entstehen Gemenge. Als **Phase** bezeichnet man chemisch und physikalisch einheitliche Bereiche in einem Stoff. In den **Zustandsschaubildern** wird für jedes Konzentrationsverhältnis der beteiligten Elemente oder Verbindungen - der **Komponenten** - und jede Temperatur angegeben, in welchem Zustand sich das System befindet. Zur

Angabe des Zustandes gehört die Anzahl der vorliegenden Phasen, ihr Aggregatzustand (fest, flüssig, gasförmig) sowie ihre chemische Zusammensetzung.

Eine Lösung von Zucker in Wasser bildet eine flüssige Phase. Man kann bei einer gegebenen Temperatur nur eine bestimmte Menge Zucker lösen. Gibt man darüber hinaus weiteren Zucker zu, so sammelt er sich ungelöst am Boden des Gefäßes: Neben der flüssigen Phase der Zuckerlösung besteht noch die feste Phase des Zuckers. Je höher die Temperatur ist, desto mehr Zucker kann in Wasser gelöst werden. Solange bei einer Temperatur noch fester Zucker vorliegt, ist die größtmögliche Menge an Zucker in Wasser gelöst - hierbei ist selbstverständlich ausreichendes Umrühren und ausreichende Haltedauer auf der Temperatur vorausgesetzt. Einen derartigen Zustand bezeichnet man als gesättigte Lösung. Kühlt man derartige Lösungen ab, so scheidet sich fester Zucker aus, da die Löslichkeit mit sinkender Temperatur abnimmt. Diese Abhängigkeit der Löslichkeit von der Temperatur wird in dem Zustandsschaubild des Systems mit den Komponenten Zucker und Wasser beschrieben.

Für die oben erwähnte gesättigte Zuckerlösung ergäbe sich folgende Zustandsbeschreibung: Anzahl der Phasen: 2. Für Phase 1: Aggregatzustand flüssig, chemische Zusammensetzung a% Zucker und b% Wasser. Für Phase 2: Aggregatzustand fest, chemische Zusammensetzung 100% Zucker.

Als Einführung in das Zustandsschaubild Eisen-Kohlenstoff soll im folgenden an zwei idealisierten Schaubildern das Lesen derartiger Diagramme erläutert werden.

Vereinbarungsgemäß werden bei Systemen mit zwei Komponenten A und B die Temperatur auf der senkrechten Achse, die Anteile der Komponente B als Massengehalt in Prozent (früher Gewichtsprozent) auf der horizontalen Achse des Schaubildes aufgetragen, *Bild 8*. Der Massengehalt MG_A der Komponente A ist gegeben durch $MG_A = GS_A/(GS_A + GS_B) \cdot 100\%$, wenn GS_A und GS_B die vorliegenden Massen der Komponenten A und B sind. Aus der Beziehung $MG_A + MG_B = 100$ läßt sich der Gehalt der anderen Komponente stets errechnen. So bedeutet ein Massengehalt an B von 60%, daß gleichzeitig ein Massengehalt von 40% A vorliegt. Neben einem Massengehalt von 100% B liegt ein Massengehalt von 0% A vor, das heißt, diese Angabe entspricht der reinen Komponente B.

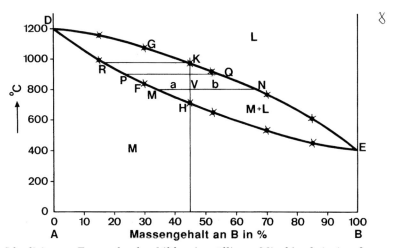

Bild 8: *Idealisiertes Zustandsschaubild mit völliger Mischbarkeit im festen und flüssigen Zustand*

Im technischen Bereich werden die Angaben der Zusammensetzung als Massengehalte in Prozent bevorzugt. Im folgenden wird diese Angabe der Massengehalte verwendet, wobei zur Vereinfachung der Ausdruck 'Massengehalte' weggelassen wird. Lediglich am Beginn eines neuen Abschnittes wird - zur Erinnerung - noch einmal die volle Bezeichnung angegeben. In Rechnungen werden nicht die Werte in Prozent, sondern unmittelbar die Verhältniszahlen eingesetzt. Diese Werte werden im folgenden als Massenanteile bezeichnet. Da die Art und Ausdehnung der Zustandsfelder aber nicht von den Massengehalten, sondern von dem Verhältnis der Anzahl der Atome bzw. Moleküle der beteiligten Komponenten zueinander bestimmt werden, trägt man im physikalischen Bereich die Zusammensetzung meist als Stoffmengenanteil, in Prozent ausgedrückt als Stoffmengengehalt (früher Atomprozent) auf. Der Stoffmengenanteil ist in einem Zweistoffsystem mit Elementen als Komponente definiert, als Verhältnis der Anzahl der Atome der Komponente A zur Gesamtzahl der Atome. Für Elemente mit ähnlicher relativer Atommasse wie Fe(55,85) und Mn(54,94) sind die Skalen für Massengehalte und Stoffmengengehalte praktisch gleich. Für Elemente mit sehr unterschiedlichen relativen Atommassen wie Fe(55,85) und C(12,01) dagegen sind die Skalen nicht vergleichbar. So entspricht ein Stoffmengengehalt von 4,5 % C in einer Fe-C-Legierung einem Massengehalt von 1 % C.

Für die Umrechnung von Massenanteilen in Stoffmengenanteile ist die Kenntnis der relativen Atommassen erforderlich. Ein Mol Eisen, das heißt 6,023 · 10²³ Atome, hat eine Masse von 55,85 g, das heißt, die Zahl $A_{Fe} = 55{,}85$ hat die Dimension $g \cdot Mol^{-1}$. Der entsprechende Wert für C ist $A_C = 12{,}01 \ g \cdot Mol^{-1}$. Bei einem Massengehalt von 6,69 % C liegen $G_C = 0{,}0669$ g C und $G_{Fe} = 1 - 0{,}0669 = 0{,}9333$ g Fe vor. Dies sind $M_C = \frac{0{,}0669}{12{,}01}$ Mol C und $M_{Fe} = \frac{0{,}9333}{55{,}85}$ Mol Fe. Der Stoffmengenanteil S ist definiert als Verhältnis der Atome n der Komponenten n_1 und n_2: $S_1 = \frac{n_1}{n_1+n_2}$. Erweitert man die Gleichung mit $L = 6{,}023 \cdot 10^{23}$, ergibt $S_1 = \frac{n_1 \cdot L}{n_1 \cdot L + n_2 \cdot L}$. Das Produkt $n_1 \cdot L$ ist die Anzahl Mol der Komponente 1 M_1, so daß man für Elemente schreiben kann:

$$S_1 = \frac{M_1}{M_1 + M_2}. \tag{5}$$

Es gilt $S_1 + S_2 = 1$. Für Kohlenstoff ist dann:

$$S_C = \frac{M_C}{M_C + M_{Fe}} = \frac{\frac{0{,}0669}{12{,}01}}{\frac{0{,}0669}{12{,}01} + \frac{0{,}9333}{55{,}85}} = 0{,}25.$$

Führt man in Gleichung 5 für M_1 den Wert $\frac{G_1}{A_1}$ ein, d.h. die Masse G und die relative Atommasse A, so ergibt sich nach einer Umformung

$$S_1 = \frac{G_1 \cdot A_2}{G_1 \cdot A_2 + G_2 \cdot A_1}. \tag{6}$$

Mit dieser Gleichung können - soweit die Komponenten aus Elementen bestehen - Massenanteile in Stoffmengenanteile umgerechnet werden. Sollen Stoffmengenanteile in Massenanteile umgerechnet werden, gilt: Ein Stoffmengenanteil von S_1 Mol hat eine Masse von $S_1 \cdot A_1$ g. Der Massenanteil ist dann:

$$G_1 = \frac{S_1 \cdot A_1}{S_1 \cdot A_1 + S_2 \cdot A_2}. \tag{7}$$

Es gilt $G_1 + G_2 = 1$. Für einen Stoffmengengehalt von 4,5 % C ergibt sich dann

$$G_C = \frac{0,045 \cdot 12,01}{0,045 \cdot 12,01 + 0,955 \cdot 55,85} = 0,01,$$

das heißt, der Massengehalt ist 1 % C.

In einem Koordinatensystem, wie in Bild 8 dargestellt, bedeuten horizontale Geraden Linien gleicher Temperatur, die als **Isothermen** (griechisch: *isos*, gleich, *thermos*, warm) bezeichnet werden. Der jeweilige Temperaturwert der Isothermen kann an der senkrechten Achse abgelesen werden. Senkrechte Geraden sind Linien gleicher Konzentration. Alle Zustände einer vorgegebenen Legierung liegen auf senkrechten Linien, da vorausgesetzt ist, daß sich während einer Temperaturänderung die Zusammensetzung des untersuchten Stoffes nicht ändert. Der Schnittpunkt einer Senkrechten mit einer Isotherme bezeichnet den Zustand einer bestimmten Legierung bei einer gegebenen Temperatur.

3.2.2 Völlige Mischbarkeit im flüssigen und festen Zustand

In einigen Fällen lassen sich mit Substitutionsmischkristallen nach Bild 7 alle Mengenverhältnisse der Atome A und B verwirklichen: Zwischen den reinen Komponenten A und B besteht eine lückenlose Mischkristallreihe. Derartige Legierungen bilden im flüssigen Zustand im allgemeinen ebenfalls bei allen Konzentrationen Lösungen. Man sagt, die Komponenten A und B sind im festen und flüssigen Zustand völlig mischbar. Ihre Zustände werden durch Schaubilder beschrieben, die eine kennzeichnende Form haben. Ein Beispiel zeigt Bild 8. Der mit L (lateinisch: *liquidus*, flüssig) bezeichnete Bereich entspricht der flüssigen Lösung. Das Zustandsfeld der festen Mischkristalle ist mit M bezeichnet. Die Doppellinie beschreibt den Übergang von dem festen in den flüssigen Zustand. Zur Messung des Verlaufes dieser Linien stellt man zunächst fest, bei welcher Temperatur die reinen Komponenten A und B flüssig werden bzw. erstarren, indem man eine der physikalischen Eigenschaften bestimmt, zum Beispiel die spezifische Wärme. Stellt man Legierungen mit unterschiedlichen Mengenverhältnissen A : B her und untersucht in gleicher Weise, bei welcher Temperatur sie schmelzen, so stellt man fest, daß alle Legierungen nicht bei einer Temperatur, sondern in einem Temperaturintervall flüssig werden. Die gemessenen physikalischen Eigenschaften ändern sich nicht sprunghaft bei einer Temperatur, wie bei den reinen Komponenten, sondern über einen Temperaturbereich hinweg. Trägt man für jede der untersuchten Legierungen den Beginn und das Ende der Eigenschaftsänderungen beim Erwärmen und beim Abkühlen auf, so erhält man die in Bild 8 eingetragenen Kreuze. Beim Erwärmen einer Legierung mit einem Massengehalt von 30 % B zum Beispiel entsteht bei 835 °C die erste Schmelze (Punkt F). Erst oberhalb von 1075 °C ist alles flüssig (Punkt G). Verbindet man die für jede Legierung ermittelten Punkte für den Beginn des Aufschmelzens miteinander, so erhält man den in Bild 8 durch die Punkte DHE gekennzeichneten Linienzug, die **Soliduslinie** (lateinisch: *solidus*, fest). Unterhalb der durch die Soliduslinie bezeichneten Temperaturen sind alle Legierungen fest. Das Ende des Aufschmelzens wird durch die Linie beschrieben, welche die in Bild 8 mit DKE bezeichneten Punkte verbindet, die **Liquiduslinie** (lateinisch: *liquidus*, flüssig). Oberhalb der Liquiduslinie sind alle Legierungen flüssig. Bei den Temperaturen und Konzentrationen zwischen Solidus-

und Liquiduslinie liegen Schmelze L und Mischkristalle M gleichzeitig nebeneinander vor, sie bilden ein Gemenge, die Legierungen durchlaufen ein **Zweiphasengebiet** M + L. Lediglich bei den reinen Komponenten A und B fallen die Liquidus- und die Solidustemperaturen zusammen: Die Komponenten A und B schmelzen und erstarren bei **einer** Temperatur.

Die Vorgänge beim Aufschmelzen und Erstarren sollen im folgenden an Hand einer Legierung mit 45 % B beschrieben werden, die in Bild 8 durch eine senkrechte Linie gekennzeichnet ist. Bei Raumtemperatur liegen Mischkristalle vor. Beim Erwärmen bildet sich bei 710 °C (Punkt H) die erste Schmelze, die Soliduslinie wird überschritten. Bei 800 °C wird der Zustand durch den Punkt V beschrieben. Es liegen Schmelze und Mischkristalle nebeneinander vor. Genaue Untersuchungen zeigen, daß die Zusammensetzung der Schmelze durch den Punkt N, die der Mischkristalle durch den Punkt M gegeben ist. Das bedeutet, daß beim Erwärmen auf 800 °C die Legierung der Zusammensetzung V (45 % B) aufspaltet in eine B-reiche Schmelze mit 66 % B und B-arme Mischkristalle mit 34 % B. Die Zusammensetzung der Phasen erhält man, indem man durch den Punkt V eine Isotherme bis zum Schnitt mit der Liquidus- und der Soliduslinie zeichnet. Diese Verbindungslinie der Punkte M und N wird als „**Konode**" bezeichnet (lateinisch: *con*, mit, gemeinsam; griechisch: *hodos*, Weg, Verbindungsweg, Verbindung). Da die Gesamtmengen an A und B natürlich unverändert bleiben, kann sich nur soviel Schmelze der Zusammensetzung N bilden, wie B-Atome aus der Verarmung der Mischkristalle der Zusammensetzung M zur Verfügung stehen. Das Ergebnis derartiger Überlegungen ist das sogenannte **Hebelgesetz**, mit dem man die Massenanteile der Schmelze G_N und der Mischkristalle G_M aus dem Diagramm ablesen kann.

In Bild 8 ist die Strecke M-V mit a, die Strecke V-N mit b bezeichnet. Nach dem Hebelgesetz gilt: $G_M \cdot a = G_N \cdot b$. Man stellt sich eine Waage vor mit dem Drehpunkt in V. An dem Hebelarm a hängt die Masse der Mischkristalle G_M, an dem Hebelarm b die Masse der Schmelze G_N. Das Hebelgesetz ist nichts anderes als die Gleichgewichtsbedingung für diese Waage. Die Gesamtmasse der Legierung ist konstant und wird mit 1 bezeichnet. Dann gilt: $G_M + G_N = 1$. Aus diesen beiden Gleichungen kann man G_M und G_N ausrechnen:

$$G_N = \frac{a}{a+b} \tag{8}$$

$$G_M = 1 - G_N = 1 - \frac{a}{a+b} = \frac{b}{a+b}.$$

Für die Ableitung des Hebelgesetzes wird die Zusammensetzung der Mischkristalle im Punkt M mit c_M, die Zusammensetzung der Schmelze im Punkt N mit c_N bezeichnet. Die Werte sind in Massenanteilen einzusetzen, das heißt, die als Massengehalte in Bild 8 abgelesenen Werte sind durch 100 zu teilen. Ist c_V der Anteil von B, c_V^A der Anteil von A, so gilt: $c_V + c_V^A = 1$. Die im Punkt M vorliegende Masse der Mischkristalle in Gramm wird mit GS_M, die im Punkt N vorliegende Masse der Schmelze mit GS_N bezeichnet. Zur Vereinfachung wird jedoch mit den Massenanteilen G_M und G_N gerechnet. Es gilt: $G_M + G_N = 1$. Gesucht sind die Massenanteile der Komponente B G_M und G_N, die bei den vorgegebenen Konzentrationen der Komponente B c_M und c_N die vorgegebene Masse G_V der Ausgangslegierung mit der Konzentration c_V ergeben. Für die Komponente B ergibt sich dann $G_V \cdot c_V = G_M \cdot c_M + G_N \cdot c_N$. Vereinbarungsgemäß gilt: $G_V = G_M$

$+ G_N = 1$. Daraus folgt: $G_M = 1 - G_N$. Setzt man diese Werte in die obige Gleichung ein, so ergibt sich: $c_V = (1 - G_N) \cdot c_M + G_N \cdot c_N = c_M - G_N \cdot c_M + G_N \cdot c_N$ und daraus $c_V - c_M = G_N (c_N - c_M)$. Damit ist:

$$G_N = \frac{c_V - c_M}{c_N - c_M}.$$

Daraus ergibt sich:

$$G_M = 1 - G_N = \frac{c_N - c_V}{c_N - c_M}.$$

Die Differenz $c_V - c_M$ entspricht der in Bild 8 mit a bezeichneten Strecke V-M. Die Differenz $c_N - c_V$ entspricht der mit b bezeichneten Strecke N-V. Die Differenz $c_N - c_M$ entspricht der Strecke N-M und ist gleich a + b. Damit ergibt sich für G_N der Wert:

$$G_N = \frac{a}{a+b}$$

entsprechend Gleichung (8). Für G_M ergibt sich:

$$G_M = \frac{b}{a+b}.$$

Das Hebelgesetz ergibt sich daraus einfach als der Quotient:

$$\frac{G_N}{G_M} = \frac{a}{b}. \text{ Oder}$$

$$G_M \cdot a = G_N \cdot b \text{ mit } G_M + G_N = 1.$$

Da bei diesen Quotienten die Dimensionsfaktoren wegfallen, können in dem Hebelgesetz auch unmittelbar die in Prozent angegebenen Werte eingesetzt werden. Bei 800 °C sind nach Bild 8 a = 11 und b = 21. Damit beträgt für die Mischkristalle mit 34 % B der Massengehalt an der Gesamtlegierung 65,6 %, für die Schmelze mit 66 % B beträgt der Massengehalt 34,4 %.

Es ist zu beachten, daß die Strecken a und b Dimensionen haben. Bei Gehaltsangaben in Massenanteilen ergeben sich für die Werte G, das heißt die Anteile der Phasen, Massenanteile. Bei Gehaltsangaben in Stoffmengenanteilen ergeben sich für die Phasen Stoffmengenanteile S. Beide Ergebnisse sind über die Atommassen ineinander umrechenbar, vgl. Abschnitt 3.2.1. Bei der metallographischen Auswertung von Gefügen ergeben sich die Anteile einzelner Phasen als Volumenanteile. Diese Volumenanteile sind über die Dichte in die Massenanteile bzw. Stoffmengenanteile umzurechnen. Hierbei ist zu beachten, daß die Dichte und damit die Volumenanteile im Gegensatz zu den Massenanteilen und Stoffmengenanteilen temperaturabhängig sind.

In Abschnitt 2.3 wurde mit Gleichung (1) die Dichte ρ eingeführt. Danach haben GS_1 Gramm der Komponente 1 ein Volumen VS_1 von $\frac{GS_1}{\rho_1}$ cm³. Der Volumenanteil V_1 ist dann:

$$V_1 = \frac{VS_1}{VS_1 + VS_2} = \frac{\frac{GS_1}{\rho_1}}{\frac{GS_1}{\rho_1} + \frac{GS_2}{\rho_2}} \tag{9}$$

mit $V_1 + V_2 = 1$. Die Dichte von Zementit ist bei Raumtemperatur praktisch gleich der Dichte des Ferrits. In diesem Fall ist $\rho_1 = \rho_2$ und der Volumenanteil gleich dem Massenanteil.

Die Aufspaltung der Legierung der Zusammensetzung V bei 800 °C (Bild 8) in Mischkristalle mit M % an B und Schmelze mit N % an B ist kein vorübergehender Zustand, sondern bleibt so lange bestehen, wie die Temperatur unverändert bleibt: Die Anteile an Mischkristallen und Schmelze stehen im **Gleichgewicht**.

In gleicher Weise wie bei 800 °C lassen sich die Zustände der Legierung der Zusammensetzung V bei den anderen Temperaturen innerhalb des Zweiphasengebietes M + L beschreiben. Bei 900 °C stehen im Gleichgewicht Schmelze mit 55 % B (Punkt Q) und Mischkristalle mit 23,5 % B (Punkt P). Bei 975 °C (Punkt K) ist die Legierung aufgeschmolzen, sie bildet eine Lösung mit 45 % B. Für die in dem Punkt K gezeichnete Konode ist der Hebelarm b = 0 und damit die Menge der zuletzt aufgeschmolzenen Mischkristalle mit 17 % B (Punkt R) ebenfalls = 0 %.

In *Bild 9* ist die Änderung der Massengehalte der Mischkristalle und der Schmelze beim Durchlaufen des Zweiphasengebietes M + L für eine Legierung mit 45 % B - nach dem Hebelgesetz aus dem Bild 8 errechnet - dargestellt. Für jede der auf der senkrechten Achse angegebenen Temperaturen erhält man aus dem Schnittpunkt der Isothermen und der eingezeichneten Linie die Massengehalte an Mischkristallen. Der Anteil an Schmelze ist die Ergänzung zu 100 %. Bei 800 °C stehen 65,6 % Mischkristalle mit 34,4 % Schmelze (jeweils Massengehalte) im Gleichgewicht. Der Anteil an Schmelze ist die Ergänzung zu 100 %. Zur besseren Übersicht sind die Felder mit unterschiedlichen Rastern ausgelegt, deren Art jeweils eine Phase kennzeichnet.

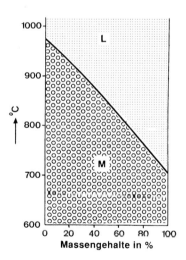

Bild 9:
Änderung der Massengehalte von Schmelze L und Mischkristallen M mit der Temperatur für eine Legierung mit 45 % B nach Bild 8

Oberhalb von 975 °C besteht nur Schmelze, unterhalb von 710 °C ist alles fest. Derartige Kurven lassen sich für alle Legierungen zeichnen. Ihr Verlauf unterscheidet sich jedoch nicht grundsätzlich von dem in Bild 9 gezeigten.

Bei der Erwärmung von 710 °C (Punkt H in Bild 8) auf 800 °C (Punkt V) hat der Gehalt der Mischkristalle von 45 % B (Punkt H) auf 34 % B (Punkt M) abgenommen. Dies ist nur durch Diffusion, das heißt, eine Bewegung der B-Atome durch das

Metallgitter in Richtung auf die Schmelze, möglich. Derartige Diffusionsvorgänge benötigen im festen Zustand sehr lange Zeiten. Aus diesem Grunde stellt sich der durch die Konode M-N beschriebene Zustand erst nach langer Haltedauer bei 800 °C ein. Ist der Zustand erreicht, sagt man, daß die Mischkristalle der Zusammensetzung M und die Schmelze der Zusammensetzung N im Gleichgewicht stehen, was bedeutet, daß sich ihr Mengenverhältnis und ihre Konzentration auch bei unendlich langen Haltedauern nicht mehr ändert.

Zustandsschaubilder geben grundsätzlich die Zustände im Gleichgewicht wieder, die strenggenommen nur bei unendlich langsamem Erwärmen oder Abkühlen eingestellt werden. Für technische Anwendungen mit schnellen Erwärmungs- und Abkühlungsvorgängen bedeutet dies, daß Zustandsschaubilder nicht mehr anwendbar sind. Die Temperaturen, bei denen die Umwandlungen ablaufen, werden abhängig von den Erwärmungs- und Abkühlungsgeschwindigkeiten, die bei einer Temperatur nach dem Zustandsschaubild erwarteten Konzentrationen und Mengenanteile der Phasen stellen sich nicht ein. Für Stähle werden für jeweils eine Legierung diese Abhängigkeiten für das Erwärmen in den **Zeit-Temperatur-Austenitisierungs(ZTA)-Schaubildern**, für das Abkühlen in den **Zeit-Temperatur-Umwandlungs(ZTU)-Schaubildern** dargestellt. Für unendlich langsames Erwärmen bzw. Abkühlen gehen diese Schaubilder über in das jeweilige Zustandsschaubild, das den Grenzfall der ZTA- und ZTU-Schaubilder für unendlich lange Zeiten darstellt, vgl. Bilder 42 und 115.

3.2.3 Völlige Mischbarkeit im flüssigen Zustand, völlige Unlöslichkeit im festen Zustand

Vor allem in Einlagerungsmischkristallen nach Bild 7 lassen sich nur bestimmte Mengen an Fremdatomen in das Grundgitter einbauen. Die Löslichkeit ist beschränkt. In einigen Fällen ist die Löslichkeit beider Komponenten ineinander praktisch Null. Das in _Bild 10_ wiedergegebene Zustandsschaubild, das die Zustände derartiger Kompo-

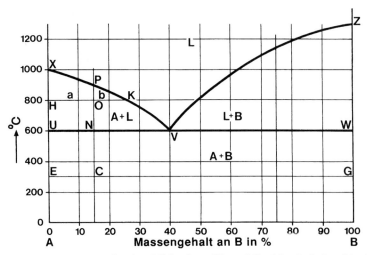

Bild 10: Idealisiertes Zustandsschaubild mit völliger Mischbarkeit im flüssigen Zustand und völliger Unlöslichkeit im festen Zustand

nenten beschreibt, wird seiner äußeren Form wegen auch als V-Diagramm bezeichnet In der folgenden Beschreibung wird der Ausdruck **eutektisches System** verwendet. (Die Bedeutung dieses Wortes wird am Ende des Abschnittes erläutert.)

Die reine Komponente A wird bei 1000 °C flüssig (Punkt X), die reine Komponente B schmilzt bei 1300 °C (Punkt Z). Aus dem in Bild 10 dargestellten idealisierten System geht hervor, daß die Komponenten A und B im flüssigen Zustand bei allen Konzentrationen Lösungen bilden. In diesem Bereich besteht kein Unterschied zu dem in Bild 8 gezeigten Schaubild. Im festen Zustand dagegen sind die Komponenten A und B unlöslich ineinander, sie bilden keine Mischkristalle, sondern liegen als Gemenge nebeneinander vor. Derartige Gemenge sind allerdings nicht lose wie Sand und Zucker oder Kupfer- und Eisenpulver, sondern bilden kompakte Werkstoffe, wie man es auch an Gesteinen wie Marmor sehen kann, in denen vielfach in eine Grundmasse andere Bestandteile eingesprengt sind. Im Gegensatz zu Mischkristallen lassen sich derartige Stoffe jedoch mit physikalischen Mitteln in ihre Bestandteile zerlegen.

Die Zustände in dem Zweiphasengebiet A + B in Bild 10 werden in gleicher Weise beschrieben wie in dem Zweiphasengebiet M + L in Bild 8. Den Zustand einer Legierung mit einem Massengehalt von 15 % B bei 300 °C erhält man, indem man durch den Punkt C eine Konode zeichnet. Sie stößt in dem Punkt E bzw. G auf die Phasenlinie der reinen Komponente A bzw. B, das heißt, bei 300 °C stehen im Gleichgewicht die Komponenten A und B. Ihr Massenanteil ergibt sich aus dem Hebelgesetz. Es stehen im Gleichgewicht 85 % A und 15 % B. Aus dem idealisierten Bild 10 geht hervor, daß zwischen Raumtemperatur und 600 °C die Zusammensetzung der im Gleichgewicht stehenden Komponenten und ihr Mengenverhältnis für eine Legierung unverändert bleiben. In realen Systemen ist dies nicht der Fall, da die Komponenten im allgemeinen, wenn auch nur in begrenztem Umfange, Mischkristalle bilden. Die ersten Anteile an Schmelze entstehen unmittelbar oberhalb von 600 °C (Punkt N) mit einem B-Gehalt von 40 % (Punkt V). Erwärmt man eine Legierung mit 15 % B über 600 °C, so erreicht man das Zweiphasengebiet A + L. Wieder erhält man die zum Beispiel bei 800 °C im Gleichgewicht stehenden Phasen durch das Einzeichnen einer Konode, die in Bild 10 mit H-O-K bezeichnet ist. Bei 800 °C stehen im Gleichgewicht die reine Komponente A (Punkt H) und Schmelze mit 25 % B (Punkt K). Die Massenanteile ergeben sich nach dem Hebelgesetz: $G_H \cdot a = G_K \cdot b$. Der Hebelarm b wird bei 900 °C (Punkt P) gleich Null, es ist alles flüssig.

In *Bild 11* ist die Änderung der Anteile von A, B und der Schmelze L mit der Temperatur für eine Legierung mit 15 % B wiedergegeben, wie sie sich durch Anwendung des Hebelgesetzes bei verschiedenen Temperaturen ableiten läßt. Wie in Bild 9 ergibt sich der Massengehalt für jede Temperatur durch den Schnittpunkt der Isothermen mit den eingezeichneten Linien. Bei der Abkühlung einer Legierung mit 15 % B von 1000 °C scheiden sich zunächst Kristalle der Komponente A aus, bei 600 °C hat die Schmelze die Zusammensetzung V, bei weiterer Abkühlung bilden sich **gleichzeitig** Kristalle der Komponenten A und B.

> Bei Erstarrung scheiden sich nach Bild 11 mit Unterschreiten der Liquiduslinie zunächst reine A-Kristalle aus. Kurz vor Erreichen von 600 °C stehen im Gleichgewicht 62,5 % A und 37,5 % Schmelze (jeweils Massengehalte). Bei 600 °C erstarrt die noch vorhandene Schmelze unter gleichzeitiger Ausscheidung von A und B. Unmittelbar unter 600 °C stehen im Gleichgewicht 85 % A und 15 % B. Im Gegensatz zu Bild 9 ändern sich bei 600 °C die Massengehalte unstetig. Dieses Verhalten ist kennzeichnend für eutektische Systeme.

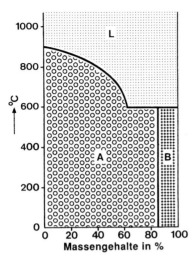

Bild 11:
Änderung der Massengehalte von Schmelze L sowie der Komponenten A und B in Abhängigkeit von der Temperatur für eine Legierung mit 15 % B nach Bild 10

In Legierungen mit Gehalten an B über 40 % (vgl. Bild 10) entstehen beim Erwärmen Lösungen, die den gesamten Anteil an A enthalten. In einer Legierung mit 75 % B zum Beispiel stehen bei 300 °C im Gleichgewicht die Komponente A und die Komponente B. Mit Überschreiten von 600 °C erreicht man jedoch nicht das Zweiphasengebiet A + L, sondern das Gebiet L + B. Bei 800 °C stehen im Gleichgewicht Schmelze mit 50 % B und die Komponente B. Der gesamte Anteil an A ist bereits aufgeschmolzen. Bei der Abkühlung beginnt die Erstarrung mit der Ausscheidung der Komponente B. Bei 600 °C stehen im Gleichgewicht die Komponenten A und B sowie die Schmelze L der Zusammensetzung V. UVW ist die zugehörige Konode. Bei weiterer Abkühlung erstarrt die verbleibende Schmelze der Zusammensetzung V unter **gleichzeitiger** Ausscheidung von A und B.

Aus der bisherigen Beschreibung geht bereits die Bedeutung des Punktes V, des **eutektischen Punktes**, hervor. Unabhängig von der Zusammensetzung der Legierungen hat beim Erwärmen die erste entstehende Schmelze diese Zusammensetzung. Jede Erstarrung endet mit der Kristallisation einer Schmelze mit der Zusammensetzung des Punktes V. Erwärmt man eine **eutektische Legierung** mit der Zusammensetzung 40 % B und 60 % A, so schmilzt sie wie eine reine Komponente bei einer Temperatur, nicht in einem Temperaturintervall. Entsprechend bezeichnet man die Temperatur des Punktes V als **eutektische Temperatur**, in Bild 10 also 600 °C. Die Linie UVW wird als **eutektische Linie** oder **eutektische Gerade** bezeichnet. Sie ist Soliduslinie und gleichzeitig Konode durch den Punkt V, in dem drei Phasen miteinander im Gleichgewicht stehen: Schmelze mit 40 % B, die Komponente A und die Komponente B. An allen anderen Temperaturen und Konzentrationen des Systems stehen höchstens zwei Phasen miteinander im Gleichgewicht.

Legierungen mit der Zusammensetzung des eutektischen Punktes haben den niedrigsten Schmelzpunkt innerhalb des Zweistoffsystems. Hieraus leitet sich die Bezeichnung **eutektisches System** ab (griechisch: *eu*, gut; *tekein*, schmelzen, *tektikos* schmelzend; gut schmelzend).

4 Das Zustandsschaubild Eisen-Kohlenstoff

Als Zustandsschaubild Eisen-Kohlenstoff bezeichnet man das Zweistoffsystem mit den Komponenten Eisen und Graphit. Üblicherweise wird lediglich der Bereich bis zu einem Massengehalt von rd. 7 % Graphit betrachtet, da höhere Graphitgehalte keine Änderung der Phasen ergeben und derartige Legierungen technisch nicht eingesetzt werden. Die Form des Schaubildes wird wesentlich geprägt durch die unterschiedliche Löslichkeit des α-Eisens und des γ-Eisens für Kohlenstoff. Vor einem Eingehen auf das Schaubild selbst soll daher dieser Löslichkeitsunterschied besprochen werden.

4.1 Die Einlagerung von Kohlenstoff in Eisen

Kohlenstoff bildet mit Eisen Einlagerungsmischkristalle, das heißt, der Kohlenstoff findet zwischen den Eisenatomen Platz. Wie bei der Besprechung der Gitterstruktur bereits erwähnt wurde, stellen die Kugeln in den Bildern 4 und 5 lediglich die Schwerpunkte der Atome dar. In den _Bildern 12 und 13_ sind die kubisch-raumzentrierten und die kubisch-flächenzentrierten Elementarzellen des Eisens mit der wirklichen Ausdehnung der einzelnen Atome dargestellt. Man kann derartige Modelle aus Plastikkugeln leicht nachbauen. Ordnet man die Kugeln entsprechend den Bilder 12 und 13 nach den Gitterstrukturen, wie sie in den Bildern 4 und 5 angegeben sind, so entspricht das Verhältnis der Kantenlänge der beiden Modelle, das heißt der Abstände der Kugelmittelpunkte, dem Verhältnis der Gitterkonstanten von α- und γ-Eisen: Die Größe der Zelle ist durch ihren Aufbau bedingt.

In beiden Elementarzellen liegen die größten „Löcher" für die Einlagerung von Kohlenstoff auf den Kanten der Würfel. In den _Bildern 14 und 15_ sind die diese

Bild 12: Kubisch-raumzentrierte Elementarzelle des Eisens, Darstellung der Atome in ihrer wirklichen Ausdehnung

Bild 13: Kubisch-flächenzentrierte Elementarzelle des Eisens, Darstellung der Atome in ihrer wirklichen Ausdehnung

Bild 14: Lage und Größe der Lücke für den Einbau des Kohlenstoffs in der kubisch-raumzentrierten Elementarzelle des Eisens

Bild 15: Lage und Größe der Lücke für den Einbau des Kohlenstoffs in der kubisch-flächenzentrierten Elementarzelle des Eisens

Löcher umgebenden Atome der benachbarten Zellen mit eingebaut. An jeder Zelle ist die größte Kugel dargestellt, welche in die Lücke auf der Würfelkante hineinpaßt, sie ist für das γ-Eisen erheblich größer als für das α-Eisen. Ein Kohlenstoffatom benötigt jedoch etwas mehr Platz als es der großen Kugel in Bild 15 entspricht. Aus diesem Grunde werden die Zelle, in die es sich einlagert, sowie die umliegenden Zellen entsprechend aufgeweitet. In diese aufgeweitete Umgebung eines Kohlenstoffatoms kann kein anderes Atom mehr in das Gitter eingebaut werden. Damit ist verständlich, daß in γ-Eisen, in dem das Gitter durch die Einlagerung des Kohlenstoffs nur wenig aufgeweitet wird, mehr Kohlenstoff löslich ist als im α-Eisen. Wie bereits erwähnt, werden die Gitterkonstanten mit steigender Temperatur etwas größer. Dies bedeutet, daß mit steigender Temperatur zunehmende Mengen an Kohlenstoffatomen eingebaut werden können: Die größte Löslichkeit wird bei der höchsten Temperatur der Beständigkeit der jeweiligen Kristallart erreicht. α-Eisen löst bei 723 °C Kohlenstoff bis zu einem Massengehalt von 0,02 %, γ-Eisen bei 1147 °C bis zu einem Massengehalt von 2,06 %. Daß diese Temperaturen nicht denen der Umwandlungen des reinen Eisens entsprechen, ist durch das Zustandsschaubild Eisen-Kohlenstoff bedingt und wird weiter unten erläutert.

Diese großen Unterschiede in der Löslichkeit soll ein Zahlenbeispiel erläutern. Wie viele Kohlenstoffatome können in 1000 Eisenatomen eingelagert werden? Für diese Betrachtung muß man aus den Massengehalten die Anzahl der Atome ausrechnen. Nach Gleichung (6) entspricht einem Massengehalt von 2,06 % C ein Stoffmengengehalt von 8,9 %. Von 1000 Atomen sind dann 89 Atome Kohlenstoff und 911 Atome Eisen. In 1000 Atomen Eisen sind dann - berechnet mit dem Dreisatz - 98 Atome Kohlenstoff löslich. Im γ-Eisen enthält eine Elementarzelle 4 Atome. Die 1000 Eisenatome bilden 250 Elementarzellen mit 98 Kohlenstoffatomen, das heißt maximal kann alle 2,5 Elementarzellen ein Kohlenstoffatom eingelagert werden.

Bei der Abkühlung von 1147 °C auf 723 °C, der Temperatur der Umwandlung des kohlenstoffhaltigen γ-Eisens in α-Eisen, geht die Löslichkeit von 2,06 % C bis auf 0,76 % C zurück. Das heißt, von den 98 Kohlenstoffatomen sind bei 723 °C nur noch 37 löslich. Die übrigen 61 Atome scheiden sich als reiner Kohlenstoff in Form von Graphit aus: es entsteht ein Gemenge aus γ-Eisen und Graphit.

α-Eisen kann bei 723 °C 0,02 % C lösen, das heißt, auf 1000 Atome Eisen entfällt ein Atom Kohlenstoff. In α-Eisen enthält eine Elementarzelle 2 Atome, die 1000 Eisenatome bilden 500 Elementarzellen. Nur in jeder 500. Zelle kann ein Kohlenstoffatom eingebaut werden! Unter 723 °C sind von den im γ-Eisen maximal löslichen Atomen 97 als Graphit ausgeschieden.

Entsprechendes gilt für das bei hoher Temperatur beständige δ-Eisen, das maximal 0,1 % Kohlenstoff lösen kann. In 1000 Atomen δ-Eisen oder 500 Elementarzellen sind bei 1493 °C bis zu 5 Kohlenstoffatome löslich. Im Vergleich zu der Löslichkeit des kubisch-raumzentrierten α-Eisens bei 723 °C zeigt sich deutlich der Einfluß der Temperatur auf die Löslichkeit.

4.2 Das Zustandsschaubild Fe-Fe$_3$C (metastabiles Gleichgewicht)

4.2.1 Übersicht

In Eisen-Kohlenstoff-Legierungen tritt neben den bisher erwähnten Phasen Fe und C vielfach noch die Verbindung Fe$_3$C auf. Verbindungen von Elementen mit Kohlenstoff werden als **Carbide** bezeichnet. Fe$_3$C ist ein Eisencarbid. Die Verbindung Fe$_3$C ist nicht stabil. Vor allem in Legierungen mit hohen Kohlenstoffgehalten zerfällt die Verbindung Fe$_3$C z. B. während einer Glühung von 10 Stunden bei 600 °C in Eisen und Graphit. Bei einem Massengehalt von 0,2 % Kohlenstoff dagegen sind bei 600 °C Glühzeiten von Wochen erforderlich, bevor das Eisencarbid zerfällt. Derartige, über einige Zeit beständige Phasen bezeichnet man als **metastabil** (griechisch: *meta*, zwischen, in der Mitte; das heißt, metastabil ist ein Zustand zwischen stabil und instabil). Man kann daher ein Zweistoffsystem mit den Komponenten Fe und Fe$_3$C aufstellen. Dieses System hat große Bedeutung, da durch die in allen Stählen enthaltenen Anteile an Legierungselementen, wie Mangan und Chrom, das Fe$_3$C stabil wird. Aus diesem Grunde soll zunächst das System Fe-Fe$_3$C besprochen werden.

Bild 16 zeigt das Zustandsschaubild Fe-Fe$_3$C. Die Koordinaten entsprechen denen der Bilder 8 und 10. Auf der waagerechten Achse ist der Kohlenstoffgehalt aufgetragen. Das Schaubild ist bei einem Massengehalt von 7 % C abgebrochen, da höhere Gehalte technisch keinerlei Bedeutung haben. Bei dieser allgemein üblichen Darstellung ist zu beachten, daß die Konzentration für den Kohlenstoff, nicht für die Verbindung Fe$_3$C aufgetragen ist. In alle Berechnungen mit dem Hebelgesetz sind daher die Kohlenstoffanteile, nicht die Anteile an Fe$_3$C einzusetzen. Eine Zusammenstellung der Konzentrationen und Temperaturen der ausgezeichneten Punkte des Systems gibt *Tafel 3*. Die angegebenen Werte sind nicht in allen Fällen den neuesten Messungen angepaßt, wenn dadurch „bekannte" Zahlenwerte hätten geringfügig verändert werden müssen. In unlegierten Stählen werden durch die üblichen Gehalte allein an Mn die Temperaturen um 10 °C und mehr gesenkt, die Konzentrationen um 0,05 % C und mehr erniedrigt, so daß sich als Beurteilung der Umwandlung unlegierter Stähle eine sehr genaue Angabe der Werte in Tafel 3 erübrigt. Bei 0 % C liegt die Konzentration der Komponente A, des reinen Eisens. Von 0 °C bis 911 °C (Punkt G in Bild 16) ist das kubisch-raumzentrierte α-Eisen beständig, von 911 °C

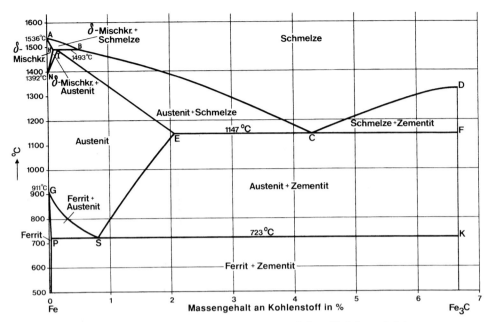

Bild 16: Das Zustandsschaubild Fe-Fe$_3$C (metastabiles Gleichgewicht)

Tafel 3: Temperaturen und Konzentrationen der ausgezeichneten Punkte in dem Zustandsschaubild Fe-Fe$_3$C (Bild 16) [Schürmann und Schmidt 1979, Kubaschewski 1982]

Punkt	Temperatur °C	Massengehalt C in %	Umwandlung
H	1493	0,10	peritektisch
I	1493	0,16	
B	1493	0,53	
A	1536	0	
N	1392	0	
E	1147	2,06	eutektisch
C	1147	4,30	
F	1147	6,69	
D	ca. 1252	6,69	
G	911	0	eutektoidisch
P	723	0,02	
S	723	0,76	
K	723	6,69	

Curie-Temperatur des α-Fe: 769 °C

bis 1392 °C (Punkt N) das kubisch-flächenzentrierte γ-Eisen, von 1392 °C bis 1536 °C (Punkt A) das kubisch-raumzentrierte δ-Eisen. Oberhalb von 1536 °C ist Eisen flüssig. Bei 6,69 % C liegt die Konzentration des Eisencarbids. Sein Kohlenstoffgehalt ergibt sich aus der Formel Fe$_3$C: Auf 3 Atome Eisen entfällt 1 Atom Kohlenstoff, das heißt, der Stoffmengenanteil des Kohlenstoffs im Fe$_3$C beträgt 0,25. Mit Gleichung (7), Abschnitt 3.2.1, errechnet sich daraus ein Massengehalt von 6,688 %.

Im flüssigen Zustand bildet Eisen mit Kohlenstoff bei allen Konzentrationen Lösungen. Im festen Zustand dagegen werden, wie oben beschrieben, nur in einem beschränkten Legierungsbereich Mischkristalle gebildet. γ-Eisen kann bei 1147 °C bis zu 2,06 % C lösen (Punkt E). Bei 4,3 % C hat das System einen eutektischen Punkt (C). α-Eisen kann lediglich bis zu 0,02 % C bei 723 °C lösen (Punkt P). Bei höheren Konzentrationen entstehen unterhalb von 723 °C die beiden Phasen α-Eisen und Fe$_3$C. Das System hat einen eutektoidischen Punkt (S). Als **eutektoidisch** (griechisch: ähnlich wie ein Eutektikum) bezeichnet man Systeme, bei denen die Hochtemperaturphase eine **feste** Lösung, also ein Mischkristall, ist, als eutektisch dagegen Systeme mit einer **flüssigen** Lösung als Hochtemperaturphase.

Die Erstarrung im eutektischen Bereich sowie die Umwandlungen im eutektoidischen Bereich verlaufen nach dem anhand von Bild 10 beschriebenen Mechanismus. Die Erstarrung von Legierungen mit Kohlenstoffgehalten zwischen 0,53 und 2,06 % C läuft analog zu den an Bild 8 erläuterten Vorgängen ab. Legierungen mit Kohlenstoffgehalten größer als 0 % und kleiner als 0,53 % erstarren in einer peritektischen Reaktion, die in Abschnitt 4.2.5 ausführlich erläutert wird.

In der metallographischen Beschreibung der in Eisen-Kohlenstoff-Legierungen auftretenden Phasen haben sich Begriffe eingeführt, die hier ebenfalls verwendet werden sollen. So wird das α-Eisen als **Ferrit** (lateinisch: *ferrum*, das Eisen) bezeichnet, das γ-Eisen als **Austenit** benannt (nach W.C. Roberts-Austen, englischer Metallurge, 1843-1902), das Carbid Fe$_3$C als **Zementit**.

Die einzelnen Bereiche des Schaubildes werden getrennt behandelt, beginnend mit der eutektoidischen Umwandlung. Dies hat den Vorteil, daß bei der anschließenden Besprechung der eutektischen Erstarrung die bei tiefen Temperaturen ablaufenden Umwandlungen bereits als bekannt vorausgesetzt werden können. Das gleiche gilt für die sich anschließende Behandlung der Erstarrung von Legierungen mit weniger als 2,06 % C.

4.2.2 Der eutektoidische Bereich

Die eutektoidische Legierung

Eine Legierung mit 0,76 % C, der Zusammensetzung des eutektoidischen Punktes S, besteht kurz unterhalb von 723 °C aus Ferrit mit 0,02 % C, der einen Massenanteil von 0,89 hat, und Zementit mit einem Massenanteil von 0,11.

> Diese Werte ergeben sich aus dem Hebelgesetz, Gleichung (8) in Abschnitt 3.2.2. Unmittelbar unter 723 °C haben die α-Eisen-Mischkristalle einen Gehalt von 0,02 % C. Der zugehörige Hebelarm hat dementsprechend eine Länge von 0,76 − 0,02 = 0,74. Der zum Zementit gehörende Hebelarm hat eine Länge von 6,69 − 0,76 = 5,93. Der Massenanteil an Ferrit ist dann:
>
> $$G_F = \frac{5,93}{5,93 + 0,74} = 0,89.$$

Der Massenanteil an Zementit ist:

$$G_C = \frac{0,74}{5,93 + 0,74} = 0,111$$

entsprechend 11 %. In den beiden obigen Gleichungen sind die Hebelarme als Differenzen der Massengehalte eingesetzt, das Ergebnis ist jedoch der Massenanteil, da der Multiplikator 100 für die Angabe in % sich herauskürzt, wie bei der Ableitung der Gleichung (6) erläutert. Damit keine Verwirrung entsteht, sollten daher wie in der folgenden Rechnung in das Hebelgesetz die Werte als Anteile eingesetzt werden. Für die Berechnung des Anteils an Fe$_3$C ist es anschaulicher, mit Stoffmengengehalten zu rechnen. Dem Massengehalt von 0,02 % C entspricht nach Gleichung (6) ein Stoffmengengehalt von 0,09 %. Dem Massengehalt der Legierung von 0,76 % C entspricht ein Stoffmengengehalt von 3,44 %. Fe$_3$C hat Stoffmengengehalte von 25 % C und 75 % Fe. Die Hebelarme sind dann 0,25 − 0,0344 = 0,216 sowie 0,0344 − 0,0009 = 0,0335. Nach dem Hebelgesetz ist

$$S_2 = \frac{0,0335}{0,216 + 0,0335} = 0,134 \text{ oder } 13,4\%.$$

Diese Werte kann man auch erhalten, wenn man, statt mit den Kohlenstoffgehalten, mit dem Zementit als Komponente rechnet. Im Punkt K liegen 100 % Zementit mit 6,69 % C vor. Daraus errechnen sich die Zementitgehalte des Punktes P mit 0,02 % C zu 0,299 % und des Punktes S mit 0,76 % C zu 11,36 %. Die Hebelarme sind dann 0,1136 − 0,00299 = 0,1106 und 1 − 0,1136 = 0,8864. Nach Gleichung (8) im Abschnitt 3.2.2 ist dann

$$G_2 = \frac{0,1101}{0,1106 + 0,8864} = 0,1105$$

entsprechend 11 %. Die Abweichung gegenüber dem Wert von 0,111 %, der oben errechnet wurde, ergibt sich aus den mehrfachen Abrundungen der Zahlen.

Bei Erwärmung über 723 °C entstehen γ-Eisen-Mischkristalle, welche den gesamten Kohlenstoff in Lösung enthalten. Für alle Eisen-Kohlenstoff-Legierungen hat der beim Erwärmen über 723 °C zuerst gebildete Austenit den Kohlenstoffgehalt des eutektoidischen Punktes S: 0,76 % C. Bei der Abkühlung wandelt dieser Austenit mit 0,76 % C bei 723 °C um in Ferrit und Zementit. Dieser Vorgang entspricht der Erstarrung einer eutektischen Schmelze. Die Umwandlung läuft bei **einer** Temperatur ab, nicht in einem Temperaturintervall.

Die Linie PSK ist Konode des Dreiphasengleichgewichtes Ferrit mit 0,02 % C, Austenit mit 0,76 % C und Zementit mit 6,69 % C. Je nach Kohlenstoffgehalt ändert sich lediglich der Mengenanteil dieser Phasen, nicht ihre Zusammensetzung. Bei Raumtemperatur ist im Ferrit praktisch kein Kohlenstoff löslich. Daraus ergibt sich für eutektoidische Legierungen eine Zunahme des Massenanteils an Zementit bei der Abkühlung von 723 °C auf Raumtemperatur von 11,1 % um 0,26 % auf 11,36 %.

Die Umwandlungen bei Kohlenstoffgehalten unter 0,76 % C, den **untereutektoidischen Legierungen**, sowie den mit Kohlenstoffgehalten über 0,76 % C, den **übereutektoidischen Legierungen**, lassen sich analog zu dem an Hand von Bild 10 besprochenen eutektischen System beschreiben.

Untereutektoidische Legierungen

Bei einer untereutektoidischen Legierung, zum Beispiel mit 0,40 % Kohlenstoff, stehen von Raumtemperatur bis 723 °C im Gleichgewicht α-Eisen-Mischkristalle und

Zementit. Bei 723 °C entsteht Austenit mit 0,76 % C, der praktisch den gesamten Kohlenstoff in Lösung enthält. Bei 750 °C - im Zweiphasengebiet Ferrit + Austenit - stehen im Gleichgewicht α-Eisen-Mischkristalle und γ-Eisen-Mischkristalle. Oberhalb von 795 °C bestehen nur noch γ-Eisen-Mischkristalle mit 0,40 % C. Entsprechend scheiden sich bei der Abkühlung aus dem Austenit zuerst α-Eisen-Mischkristalle aus, der **voreutektoidische Ferrit**. Der restliche Austenit wird mit sinkender Temperatur immer kohlenstoffreicher. Bei 800 °C hat er einen Gehalt von 0,31 % C, bei 750 °C von 0,60 % C. Unmittelbar oberhalb von 723 °C stehen im Gleichgewicht Ferrit mit 0,02 % C und Austenit mit 0,76 % C. Bei Unterschreiten von 723 °C wandelt dieser Austenit um unter gleichzeitiger Ausscheidung von Ferrit und Zementit wie in einer rein eutektoidischen Legierung. In *Bild 17* sind die Massengehalte von Ferrit, Austenit und Zementit in Abhängigkeit von der Temperatur für eine Legierung mit 0,40 % C dargestellt. Wie in den Bildern 9 und 11 ist auf der waagerechten Achse der Massengehalt aufgetragen, auf der senkrechten Achse die Temperatur. Zur besseren Übersicht sind die Felder mit verschiedenen Rastern ausgelegt, deren Punktdichte jeweils eine bestimmte Phase kennzeichnet. Diese Symbole werden auch in den folgenden Bildern beibehalten. Die Änderung der Massengehalte mit der Temperatur errechnet sich aus dem Hebelgesetz.

Bei Raumtemperatur stehen im Gleichgewicht 94,02 % Ferrit und 5,98 % Zementit. Der Kohlenstoffgehalt des Ferrits nimmt von Raumtemperatur bis 723 °C von praktisch 0 % bis auf 0,02 % zu. Dementsprechend geht der Zementitanteil auf 5,68 % zurück. Bei 750 °C stehen im Gleichgewicht 34 % Ferrit mit 0,016 % C und 66 % Austenit mit 0,60 % C. Der gesamte Anteil an Zementit ist in dem gebildeten Austenit gelöst. Der Kohlenstoffgehalt des zunächst gebildeten Austenits geht mit steigender Temperatur immer weiter zurück, bis er bei 795 °C den Gehalt der Legierung von 0,40 % C erreicht: Es liegt nur noch Austenit vor.

Übereutektoidische Legierungen

Übereutektoidische Legierungen sind Legierungen mit Kohlenstoffgehalten zwischen 0,76 % C (Punkt S) und 2,06 % C (Punkt E). Bei einem Kohlenstoffgehalt von 1,5 % stehen kurz unter 723 °C Ferrit und Zementit im Gleichgewicht, kurz oberhalb von 723 °C Austenit und Zementit. Dies bedeutet, daß mit Überschreiten der Linie PSK der Ferrit völlig umgewandelt wird. Mit steigender Temperatur nimmt der Zementitgehalt weiter ab, der Kohlenstoffgehalt des Austenits nimmt zu. Bei 900 °C stehen im Gleichgewicht Austenit mit 1,29 % C und Zementit. Oberhalb von 970 °C besteht die Legierung nur noch aus Austenit. In *Bild 18* sind entsprechend Bild 17 die Phasenanteile in Abhängigkeit von der Temperatur dargestellt. Bei der Abkühlung scheidet sich zunächst bei Unterschreiten von 970 °C **voreutektoidischer Zementit** aus, dessen Anteil bei 723 °C 12,5 erreicht, der Austenit ist bis auf 0,76 % an Kohlenstoff verarmt. Bei der eutektoidischen Umwandlung entsteht zusätzlich Zementit, so daß bei Raumtemperatur 22,4 % Zementit vorliegen.

Die größte Löslichkeit für Kohlenstoff erreicht der Austenit bei 1147 °C mit 2,06 % C (Punkt E). Bei einer Abkühlung scheidet sich Zementit aus, der Kohlenstoffgehalt des Austenits verringert sich entsprechend der Linie E-S. Bei 723 °C liegen nebeneinander Austenit mit 0,76 % C und Zementit vor. Bei weiterer Abkühlung wandelt der Austenit um in Ferrit und Zementit.

In einer Legierung mit 2,06 % C stehen bei 1100 °C im Gleichgewicht 96,66 % Austenit mit 1,9 % C und 3,34 % Zementit. Bei 900 °C hat der Kohlenstoffgehalt des Austenits bis auf 1,29 % abgenommen, der Zementitgehalt ist bis auf 14,26 % angestiegen. Unmittelbar oberhalb von 723 °C stehen im Gleichgewicht 78 % Austenit mit 0,76 % C und 22 % Zementit. Unmittelbar unterhalb von 723 °C stehen im Gleichgewicht 69,4 % Ferrit mit 0,02 % C und 30,6 % Zementit.

An dieser Stelle sei nochmals betont, daß das Zustandsschaubild nur aussagt, daß zum Beispiel bei 500 °C Ferrit und Zementit miteinander **im Gleichgewicht stehen**. Das bedeutet auch, daß die Anordnung der Phasen sich in unendlich langer Zeit nicht ändern darf. Technische Gefügeausbildungen, wie zum Beispiel Perlit, sind daher nicht durch das Zustandsschaubild zu beschreiben, da sich diese Anordnungen sehr leicht durch eine Glühung von nur wenigen Stunden verändern lassen, was zum Beispiel bei einem Weichglühen bewußt angestrebt wird. Sie entsprechen nicht dem Gleichgewicht.

Die in den Bildern 17 und 18 dargestellten Änderungen der Phasenanteile mit der Temperatur kann man unter Verwendung des Hebelgesetzes für jeden Kohlenstoffgehalt zeichnen. In *Bild 19* ist versucht worden, für alle Eisen-Kohlenstoff-Legierungen diese Darstellung zusammenzufassen. Die einzelnen Phasen sind durch Farben gekennzeichnet. Die Massenanteile der Phasen sind durch die Mengenanteile der entsprechenden Farbpunkte gegeben. Bei 0 % Kohlenstoff, dem reinen Eisen, wechseln die Farben blau, rot, rotbraun, gelb entsprechend den Umwandlungen des Eisens und dem Schmelzpunkt. Unterhalb der eutektoidischen Temperatur (723 °C) nimmt mit steigendem Kohlenstoffgehalt der Anteil der grünen Punkte - Symbol für den Zementit (Fe_3C) - zu. Bei 6,69 % C sind 100 % grüne Punkte erreicht. Da der Zementit keine Umwandlung im festen Zustand hat, gehen die grünen Punkte unmittelbar in die gelben Punkte der Schmelze über.

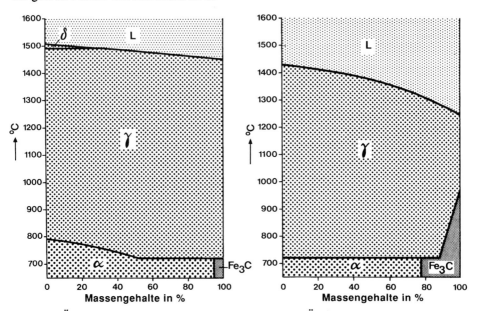

Bild 17: Änderung der Massengehalte an Schmelze L, δ-Eisen, γ-Eisen, α-Eisen und Fe_3C mit der Temperatur für eine Legierung mit 0,40 % C

Bild 18: Änderung der Massengehalte von Schmelze L, γ-Eisen, α-Eisen und Fe_3C mit der Temperatur für eine Legierung mit 1,5 % C

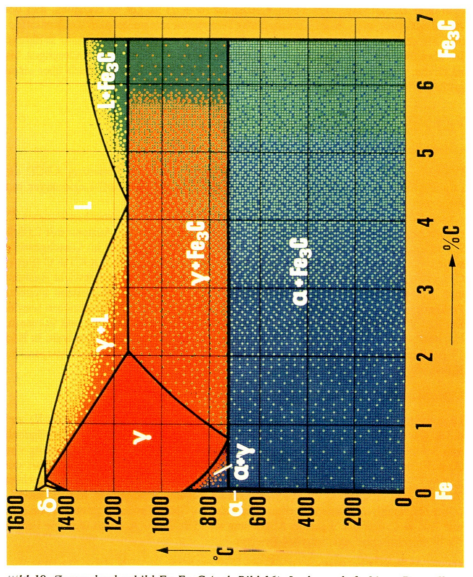

Bild 19. Zustandsschaubild Fe-Fe$_3$C (vgl. Bild 16). In der mehrfarbigen Darstellung bedeuten: Blau: α-Eisen-Mischkristalle, Ferrit; rot: γ-Eisen-Mischkristalle, Austenit; grün: Fe$_3$C, Zementit; rotbraun: δ-Eisen-Mischkristalle; gelb: Schmelze L

In dem Zweiphasengebiet Ferrit + Austenit ($\alpha + \gamma$) ist gut zu erkennen, daß der Anteil des Austenits sowohl bei konstanter Temperatur mit steigendem Kohlenstoffgehalt, als auch bei konstantem Kohlenstoffgehalt mit steigender Temperatur zunimmt. Im Zweiphasengebiet Austenit + Zementit ($\gamma + Fe_3C$) sind diese Änderungen bis zu einem Kohlenstoffgehalt von 2,06 % nicht so augenfällig, da sie sich über einen größeren Temperatur- und Konzentrationsbereich erstrecken.

4.2.3 Der eutektische Bereich

Die eutektische Legierung

Die Linien AHIEF (vgl. Bild 16) stellen die Soliduslinie, der Linienzug ABCD die Liquiduslinie des Zweistoffsystems Fe-Fe_3C dar. Eisen-Kohlenstoff-Legierungen mit mehr als 2,06 % C erstarren **eutektisch**.

Eine Schmelze mit 4,3 % C, dem Kohlenstoffgehalt des eutektischen Punktes C, erstarrt bei der Abkühlung bei 1147 °C unter Ausscheidung von Austenit mit 2,06 % C und Zementit. Die Linie ECF ist die eutektische Linie, bei der im Gleichgewicht stehen γ-Eisen-Mischkristalle mit 2,06 % C (Punkt E), Schmelze mit 4,3 % C (Punkt C) und Fe_3C (Punkt F). Unmittelbar unter 1147 °C stehen im Gleichgewicht Austenit und Zementit. Bei der weiteren Abkühlung scheidet sich aus dem Austenit weiterer Zementit aus, wie es oben bereits für eine Legierung mit 2,06 % C beschrieben wurde. Bei 723 °C wandelt der auf 0,76 % C verarmte Austenit um in Ferrit und Zementit. Unterhalb von 723 °C stehen im Gleichgewicht 36 % Ferrit und 64 % Zementit. In Bild 19 ist unterhalb von 723 °C die starke Zunahme des Zementitanteils mit steigendem Kohlenstoffgehalt deutlich zu erkennen.

Untereutektische Legierungen

Legierungen mit Kohlenstoffgehalten zwischen 2,06 % (vgl. Bild 16, Punkt E) und 4,3 % (Punkt C) bezeichnet man als **untereutektisch**. Bei einem Kohlenstoffgehalt von 3 % beginnt zum Beispiel die Erstarrung bei 1290 °C mit der Ausscheidung von Austenit mit 1,26 % C. Bei 1200 °C stehen im Gleichgewicht 40,4 % Austenit mit 1,76 % C und 59,6 % Schmelze mit 3,84 % C. In *Bild 20* sind die bei den einzelnen Temperaturen im Gleichgewicht stehenden Massengehalte dargestellt. Mit der eutektischen Umwandlung entsteht erstmals Zementit im Gleichgewicht mit einem Austenit mit 2,06 % C. Bei der weiteren Abkühlung wandelt dieser Austenit um, wie bereits für die eutektische Legierung beschrieben.

Übereutektische Legierungen

Legierungen mit Kohlenstoffgehalten zwischen 4,3 % (Punkt C) und 6,69 % (Punkt D) bezeichnet man als **übereutektisch**.

Der Verlauf der Linie C-D in Bild 16 konnte noch nicht eindeutig bestimmt werden. Das liegt nicht zuletzt daran, daß, wie oben beschrieben, der Zementit metastabil ist und bei hohen Temperaturen und hohen Kohlenstoffgehalten sehr schnell in Eisen und den stabilen Graphit zerfällt. Bei der folgenden Beschreibung wird jedoch davon ausgegangen, daß ausschließlich metastabiler Zementit entsteht.

Eine Legierung mit 5,5 % C erstarrt mit Unterschreiten von 1260 °C unter Ausscheidung von Zementit, *Bild 21*. Bei 1200 °C stehen im Gleichgewicht Schmelze mit 4,86 % C und Zementit. Unmittelbar oberhalb von 1147 °C stehen im Gleichgewicht

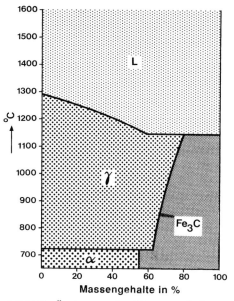

Bild 20: Änderung der Massengehalte an Schmelze L, γ-Eisen, α-Eisen und Fe₃C mit der Temperatur für eine Legierung mit 3,0 % C

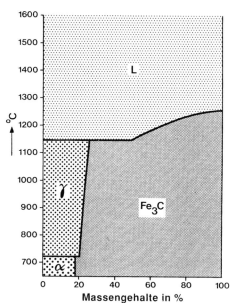

Bild 21: Änderung der Massengehalte an Schmelze L, γ-Eisen, α-Eisen und Fe₃C mit der Temperatur für eine Legierung mit 5,5 % C

Schmelze mit 4,3 % C und Zementit. Diese Restschmelze erstarrt in der eutektischen Reaktion zu Austenit mit 2,06 % C und Zementit. Unmittelbar unter 1147 °C stehen im Gleichgewicht 25,5 % Austenit mit 2,06 % C und 74,5 % Zementit. Die weitere Umwandlung des Austenits mit 2,06 % C ist bereits oben beschrieben. Aus Bild 19 geht die Änderung der Mengenanteile in den einzelnen Bereichen des Schaubildes mit der Temperatur und der Konzentration hervor.

Vergleicht man die Bilder 17, 18, 20 und 21 miteinander, so sieht man deutlich mit steigendem Kohlenstoffgehalt die Zunahme des Zementitanteiles bei 700 °C (diese Werte ändern sich bis Raumtemperatur praktisch nicht mehr). Die Bilder 17 und 18 zeigen den Übergang von der voreutektoidischen Ferritausscheidung zur voreutektoidischen Zementitausscheidung mit Überschreiten des Kohlenstoffgehaltes von 0,76 %, die Bilder 20 und 21 den Übergang von der voreutektischen Austenitbildung zur voreutektischen Zementitausscheidung mit Überschreiten des Kohlenstoffgehaltes von 4,3 %. Diese Änderungen in der Art der Ausscheidung und den Mengenanteilen gehen besonders deutlich aus dem Übersichtsbild 19 hervor.

4.2.4 Der Bereich der Mischbarkeit im festen und flüssigen Zustand

Legierungen mit Kohlenstoffgehalten zwischen 0,53 % (Bild 16, Punkt B) und 2,06 % (Punkt E) bilden im flüssigen Zustand Lösungen, im festen Zustand Mischkristalle. Die Erstarrung erfolgt so, wie es anhand von Bild 8 beschrieben wurde.

In einer Schmelze mit 1,5 % C zum Beispiel beginnt die Erstarrung bei 1430 °C. Es entstehen γ-Eisen-Mischkristalle mit 0,5 % C, Bilder 16 und 18. Bei 1400 °C stehen im Gleichgewicht Schmelze mit 1,85 % C und Mischkristalle mit 0,65 % C, bei 1300 °C Schmelze mit 2,92 % C und Mischkristalle mit 1,20 % C. Bei 1250 °C ist die Erstarrung beendet. Es liegen nur noch γ-Eisen-Mischkristalle mit 1,5 % C vor, aus denen sich, wie oben beschrieben, ab 970 °C Zementit auszuscheiden beginnt.

Bild 18 zeigt die Änderung der Austenitanteile mit der Temperatur im Bereich der Erstarrung. Mit dem Ende der Kristallisation liegt nur noch Austenit vor, die Zementitausscheidung setzt erst bei tieferen Temperaturen ein, im Gegensatz zu den untereutektischen Legierungen, bei denen mit Abschluß der Erstarrung bereits Zementit vorliegt, wie ein Vergleich mit Bild 20 zeigt.

Bei einer Legierung mit 1,5 % C reichert sich die Schmelze bis auf 3,4 % C an. Mit steigenden Kohlenstoffgehalten der Legierung nimmt diese größte Anreicherung ständig zu, bis bei 2,06 % C erstmals der größtmögliche Gehalt aller untereutektischen Legierungen von 4,3 % C erreicht wird, die Restschmelze erstarrt eutektisch. Bei Eisen-Kohlenstoff-Legierungen mit weniger als 4,3 % C kann eine Schmelze bei der Erstarrung grundsätzlich keinen höheren Kohlenstoffgehalt erreichen.

4.2.5 Der peritektische Bereich

Eisen-Kohlenstoff-Legierungen mit Massengehalten an Kohlenstoff zwischen 0,1 und 0,53 % erstarren **peritektisch**. Die Bedeutung des Namens wird am Ende des Abschnittes erläutert. Legierungen mit 0 bis 0,1 % C (*Bild 22*) erstarren nach dem Schema von Bild 8. Aus einer Schmelze mit 0,03 % C scheiden sich mit Unterschreiten von 1534 °C δ-Eisen-Mischkristalle aus, die Erstarrung ist bei 1520 °C beendet. Bei 1435 °C beginnt die Umwandlung des δ-Eisens zu γ-Eisen-Mischkristallen, die bei 1420 °C beendet ist. *Bild 23* zeigt die Änderung der Massengehalte mit der Temperatur, errechnet durch Anwendung des Hebelgesetzes in den Zweiphasenräumen. Die Kristallisation des δ-Eisens sowie die δ-γ-Umwandlung laufen in getrennten Temperaturbereichen ab.

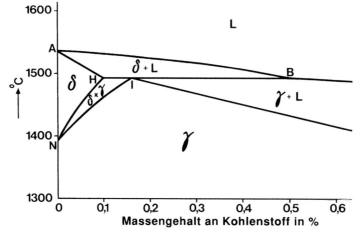

Bild 22: Ausschnitt aus dem Zustandsschaubild Fe-Fe$_3$C (Bild 16): Die peritektische Umwandlung

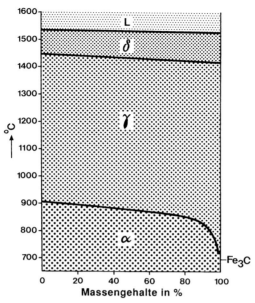

Bild 23: Änderung der Massengehalte an Schmelze L, δ-Eisen, γ-Eisen, α-Eisen und Fe_3C mit der Temperatur für eine Legierung mit 0,03 % C

Wie aus Bild 22 hervorgeht, nähern sich die Zweiphasengebiete δ + L und δ + γ mit steigendem Kohlenstoffgehalt und treffen bei 1493 °C aufeinander. Die Umwandlung der δ-Kristalle zu γ-Eisen-Mischkristallen setzt nicht, wie für eine Legierung mit 0,03 % C beschrieben, erst nach Ende der Erstarrung ein, sondern bereits vorher.

Eine Legierung mit 0,16 % C, der Zusammensetzung des **peritektischen Punktes I**, erstarrt mit Unterschreiten von 1525 °C unter Ausscheidung von δ-Eisen-Mischkristallen mit 0,01 % C. Unmittelbar oberhalb von 1493 °C stehen im Gleichgewicht δ-Eisen-Mischkristalle mit 0,10 % C und Schmelze mit 0,53 % C. Diese Schmelze löst bei weiterer Abkühlung alle bereits ausgeschiedenen δ-Eisen-Mischkristalle mit 0,10 % C auf und scheidet γ-Eisen-Mischkristalle mit 0,16 % C aus. Damit ist die Erstarrung beendet. Die δ-Eisen-Mischkristalle werden umgelöst zu γ-Eisen-Mischkristallen. Es liegen nur noch γ-Eisen-Mischkristalle vor. Nur bei Kohlenstoffgehalten von 0,16 % sind Erstarrung und Umwandlung mit Unterschreiten von 1493 °C beendet. Bei Legierungen mit Kohlenstoffgehalten zwischen 0,10 und 0,16 % beginnt die Erstarrung ebenfalls mit einer Ausscheidung von δ-Eisen-Mischkristallen. Am Ende der Kristallisation mit Unterschreiten von 1493 °C ist die Umsetzung der δ-Eisen-Mischkristalle zu γ-Eisen-Mischkristallen jedoch noch nicht vollständig, nur ein Teil der δ-Eisen-Mischkristalle ist bei der peritektischen Reaktion in γ-Eisen-Mischkristalle umgewandelt worden. Erst mit weiter sinkender Temperatur läuft die δ-γ-Umwandlung zu Ende. Die Änderung der Mengenanteile der Phasen mit der Temperatur für eine Legierung mit 0,11 % C geht aus *Bild 24* hervor.

Die Erstarrung beginnt mit Unterschreiten von 1530 °C unter Kristallisation von δ-Eisen-Mischkristallen mit 0,015 % C. Bei 1500 °C stehen im Gleichgewicht 91,9 % δ-Eisen-Mischkristalle mit 0,08 % C und 8,1 % Schmelze mit 0,45 % C. Bei 1493 °C wandeln 97,6 % δ-Eisen-Mischkristalle mit 0,10 % C und 2,4 % Schmelze mit 0,51 %

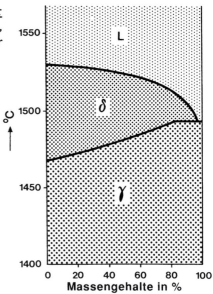

Bild 24:
Änderung der Massengehalte an Schmelze L, δ-Eisen und γ-Eisen mit der Temperatur für eine Legierung mit 0,11 % C

C um in 83 % δ-Eisen-Mischkristalle mit 0,10 % C und 17 % γ-Eisen-Mischkristalle mit 0,16 % C. Bei 1475 °C stehen im Gleichgewicht 31 % δ-Eisen-Mischkristalle mit 0,077 % C und 69 % γ-Eisen-Mischkristalle mit 0,125 % C. Mit Unterschreiten von 1467 °C ist die Umwandlung beendet, es liegen nur noch γ-Eisen-Mischkristalle (Austenit) mit 0,11 % C vor.

Bei Legierungen mit Kohlenstoffgehalten über 0,16 % ist mit Unterschreiten von 1493 °C die Erstarrung nicht beendet. Bei einer Legierung mit 0,4 % C stehen unmittelbar oberhalb von 1493 °C im Gleichgewicht δ-Eisen-Mischkristalle mit 0,10 % C und Schmelze mit 0,53 % C. Unmittelbar unterhalb von 1493 °C stehen im Gleichgewicht γ-Eisen-Mischkristalle mit 0,16 % C und Schmelze mit 0,53 % C. Wie bei einer Legierung mit 0,16 % C sind bei der Erstarrung alle vorher ausgeschiedenen δ-Eisen-Mischkristalle umgeschmolzen worden. Dieses Aufschmelzen einer Kristallart und Kristallisieren einer anderen während einer Abkühlung hat zu der Bezeichnung „peritektische Reaktion" geführt (griechisch: *peri*, Vorsilbe mit der Bedeutung um, herum, *tektos*, geschmolzen: Peritektikum = umgeschmolzen).

Entsprechend den eutektischen Systemen wird die Konode HIB (vgl. Bild 22) als **peritektische Gerade** bezeichnet, I ist der **peritektische Punkt**. Bei 1493 °C stehen im Gleichgewicht δ-Eisen-Mischkristalle der Zusammensetzung H, γ-Eisen-Mischkristalle der Zusammensetzung I und Schmelze der Zusammensetzung B.

Die weitere Umwandlung des über die peritektische Reaktion entstandenen Austenits mit sinkender Temperatur ist bereits oben bei der Darlegung der untereutektoidischen Umwandlung besprochen worden.

4.3 Das Zustandsschaubild Fe-C (stabiles Gleichgewicht)

Wie bereits eingangs erwähnt, ist der Zementit eine metastabile Phase, die bei langen Glühzeiten in Eisen und den stabilen Graphit zerfällt. In *Bild 25* ist das Zustands-

Das Zustandsschaubild Fe-C (stabiles Gleichgewicht)

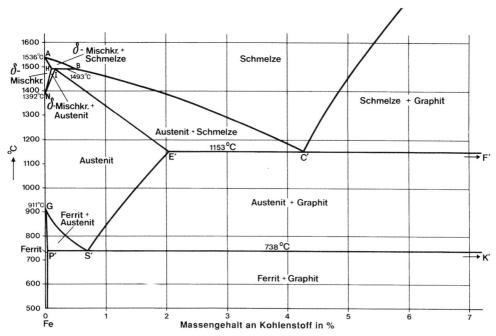

Bild 25: Das Zustandsschaubild Fe-C (stabiles Gleichgewicht)

Tafel 4: Temperaturen und Konzentrationen der ausgezeichneten Punkte in dem Zustandsschaubild Fe-C (Bild 25)

Punkt	Temperatur °C	Massengehalt C in %	Umwandlung
H	1493	0,10	peritektisch
I	1493	0,16	
B	1493	0,51	
A	1536	0	
N	1392	0	
E'	1153	2,03	eutektisch
C'	1153	4,25	
F'	1153	100	
D'	3760*	100	
G	911	0	eutektoidisch
P'	738	0,019	
S'	738	0,68	
K'	738	100	

Curie-Temperatur des α-Fe: 769 °C

* sublimiert

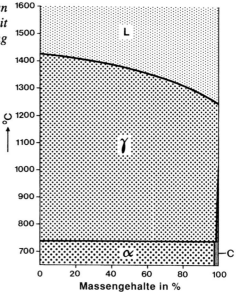

Bild 26: Änderung der Massengehalte an Schmelze L, γ-Eisen, α-Eisen und Graphit C mit der Temperatur für eine Legierung mit 1,5 % C

schaubild Eisen-Graphit bis zu einem Massengehalt von 7 % C abgebildet. Es entspricht im wesentlichen dem System Fe-Fe$_3$C, anstelle des Fe$_3$C tritt jedoch Graphit auf. Die Temperaturen der Umwandlungen sowie die Konzentrationen der ausgezeichneten Punkte sind gegenüber dem metastabilen Gleichgewicht etwas verändert. Sie sind entsprechend Tafel 3 in *Tafel 4* zusammengestellt. Eine genaue Beschreibung des Systems erübrigt sich nach der ausführlichen Darstellung des Systems Fe-Fe$_3$C. Es sei lediglich darauf hingewiesen, daß unter vergleichbaren Bedingungen der Massengehalt an Graphit kleiner ist als der des metastabilen Zementits. In *Bild 26* ist die Änderung der Mengenanteile der Phasen mit der Temperatur für eine Legierung mit 1,5 % C wiedergegeben. Ein Vergleich mit Bild 18 zeigt die Unterschiede in den jeweiligen Mengen an Graphit und Zementit. Das Zustandsschaubild Eisen-Graphit hat Bedeutung für bestimmte Gußeisensorten.

5 Technische Stähle

Die in der Technik als unlegiert bezeichneten Stähle sind Mehrstofflegierungen, die auf dem System Eisen-Zementit aufbauen. Neben Eisen und Kohlenstoff enthalten sie Elemente wie Mangan, Chrom, Nickel, Silicium, mit denen ein bestimmtes Umwandlungsverhalten und daraus folgend die gewünschten Gefügeausbildungen und Eigenschaften des Werkstoffes eingestellt werden. Nach DIN EN 10 020 werden u.a. Stähle mit Gehalten unter 0,30 % Cr, 1,65 % Mn und 0,30 % Ni als unlegiert bezeichnet. In der Norm sind noch weitere Grenzen festgelegt, die hier nicht aufgeführt sind. Carbidbildende Elemente wie Mangan und Chrom ersetzen bei diesen Stählen in dem Carbid Fe_3C einen Teil der Eisenatome. Bei Zulegieren von Mangan entsteht z.B. ein Carbid $(Fe,Mn)_3C$. Vielfach schreibt man die chemische Zusammensetzung in der allgemeinen Form M_3C, wobei M für Metall steht. Das Carbid Fe_3C ist nur metastabil, vgl. Abschnitt 4, die Carbide des Typs M_3C sind schon bei geringen Gehalten an Chrom und Mangan stabil. Daher besteht bei diesen Stählen auch bei langen Glühzeiten nicht die Gefahr eines Zerfalls des Carbides zu Graphit. Elemente wie Nickel und Silicium dagegen begünstigen den Zerfall des Zementits zu Graphit, was bei der Herstellung von Grauguß technisch genutzt wird. Nickel- und siliciumhaltige Stähle enthalten heute ausreichende Mengen an Carbidbildnern, meist Mangan, die innerhalb der üblichen Glühzeit einen Zerfall des Zementits zu Graphit verhindern. Sogenannte Sondercarbide wie M_6C, $M_{23}C_6$ oder M_7C_3 entstehen in den unlegierten Stählen im allgemeinen nicht. Unlegierte Stähle mit Gehalten an Ti, V, Nb, Zr unter 0,5 Massenprozent werden als mikrolegiert bezeichnet. In diesen Stählen entstehen Carbide vom Typ MC, Nitride der Art MN oder Carbonitride M(C,N). Diese Ausscheidungen sind in der Regel so fein, daß sie lichtoptisch nicht sichtbar sind.

Die Gleichgewichtszustände der Stähle werden durch Mehrstoffsysteme beschrieben, die auch heute nur teilweise bekannt sind. Für unlegierte Stähle kann jedoch das Zweistoffsystem Eisen-Zementit noch als ein erster Anhalt für die Gleichgewichte, vor allem für den Einfluß des Kohlenstoffs auf die Umwandlung, verwendet werden.

Technische Wärmebehandlungen wird man stets aufgrund der für die einzelnen Stähle geltenden Zeit-Temperatur-Austenitisierungs- und Zeit-Temperatur-Umwandlungsschaubilder festlegen, vgl. Abschnitte 6 und 7. Hierbei werden für die Umwandlungen im Gleichgewicht angenäherte Temperaturen angegeben, die Ac-Temperaturen.

In Mehrstoffsystemen, die den unlegierten Stählen entsprechen, führt der Übergang von dem Zweiphasengebiet $\alpha + M_3C$ zu den Bereichen $\alpha + \gamma$ sowie $\gamma + M_3C$ über ein Dreiphasengebiet $\alpha + \gamma + M_3C$, vgl. _Bild 27_. Man kann davon ausgehen, daß bei einem Erwärmen mit 3 °C/min die - z.B. mit einem Dilatometer gemessenen - Umwandlungspunkte für technische Zwecke genügend genau mit den Gleichgewichtstemperaturen nach Bild 27 übereinstimmen. Diese Temperaturen werden mit Ac (französisch: _arrêt au chauffage_, Haltepunkt beim Erwärmen) bezeichnet. Diese Benennung ist aus den ersten Messungen zur Stahlumwandlung durch eine thermische Analyse übernommen worden, obwohl einige Punkte keine Haltepunkte, sondern

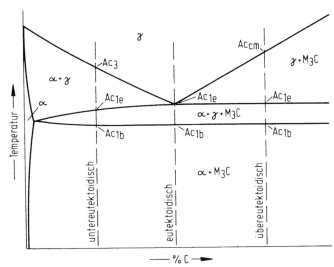

Bild 27: Schematischer Schnitt durch ein Dreistoffsystem Fe-M-C zur Definition der Ac-Temperaturen

Knickpunkte in der Temperatur-Zeit-Kurve beim Erwärmen sind. Ac_{1b} ist der Beginn der ersten Umwandlung beim Erwärmen, d.h. der Eintritt in den Dreiphasenraum $\alpha + \gamma + M_3C$: Die Bildung des Austenits beginnt. Ac_{1e} ist das Ende der ersten Umwandlung bei einem Erwärmen, d.h. das Verlassen des Dreiphasenraumes. Bei untereutektoidischen Stählen sind nach Überschreiten von Ac_{1e} alle M_3C-Carbide und ein Teil des α-Eisens (des Ferrits) in γ-Eisen (Austenit) umgewandelt. Im Gleichgewicht stehen nur noch Ferrit und Austenit. Bei übereutektoidischen Stählen sind der gesamte Ferrit und ein Teil der Carbide in Austenit umgewandelt. Im Gleichgewicht stehen nur noch Carbid M_3C und Austenit. Ac_3 ist der dritte „Haltepunkt" - in Wirklichkeit nur ein Knickpunkt - bei der Erwärmung, der Übergang von dem Zweiphasengebiet $\alpha + \gamma$ zu dem Einphasengebiet des Austenits bei untereutektoidischen Stählen. Ac_{cm} ist der „Haltepunkt" bei dem Ende der Zementitauflösung und damit der Übergang zu dem Einphasengebiet des Austenits bei übereutektoidischen Stählen.

Erwärmt man einen Stahl mit der in Bild 27 als „eutektoidisch" angegebenen Zusammensetzung langsam, so bildet sich mit Überschreiten von Ac_{1b} der erste Austenit, Bild 28. Mit zunehmender Temperatur wandeln immer größere Mengen an Ferrit und Carbid in Austenit um, nach Überschreiten von Ac_{1e} liegt nur noch Austenit vor. Erwärmt man einen Stahl mit der in Bild 27 als „untereutektoidisch" angegebenen Zusammensetzung, so beginnt ebenfalls mit Überschreiten von Ac_{1b} die Bildung von Austenit, Bild 29. Mit zunehmender Temperatur wandeln Ferrit und Carbid in dem gleichen Mengenverhältnis in Austenit um wie in der als „eutektoidisch" bezeichneten Legierung. Da die untereutektoidische Legierung aber einen höheren Massenanteil an Ferrit hat als die eutektoidische, liegt mit Überschreiten von Ac_{1e} neben Austenit noch Ferrit vor, dessen Mengenanteil mit zunehmender Temperatur weiter abnimmt. Mit Überschreiten von Ac_3 ist der Stahl rein austenitisch. Ein Vergleich mit den Bildern 16 und 17 zeigt, daß in untereutektoidischen Mehrstofflegierungen der Zementit in einem Temperaturbereich in Lösung geht, nicht bei einer Temperatur wie im

Zweistoffsystem Fe-Fe$_3$C. Die Austenitbildung einer in Bild 27 als übereutektoidisch bezeichneten Legierung läuft entsprechend der untereutektoidischen, anstelle eines Überschusses an Ferrit ist jedoch ein Überschuß an Carbid vorhanden, *Bild 30*. Ein Vergleich mit den Bildern 16 und 18 zeigt, daß in übereutektoidischen Mehrstofflegierungen der Ferrit sich in einem Temperaturbereich in Austenit umwandelt. Die Darstellungen in den Bildern 28 bis 30 gelten als Gleichgewichtsdarstellung sowohl für unendlich langsame Erwärmung als auch für unendlich langsame Abkühlung. Die Umwandlungen bei technischen Temperatur-Zeit-Führungen müssen dagegen für Erwärmen und Abkühlen getrennt dargestellt werden. Die Vorgänge bei schneller Erwärmung sind in Abschnitt 6 „Das Austenitisieren", die Vorgänge während einer schnellen Abkühlung sind in Abschnitt 7 „Die Umwandlung" beschrieben.

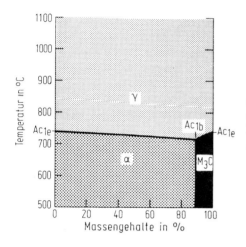

Bild 28: Änderung der Massengehalte an γ-Eisen, α-Eisen und M$_3$C mit der Temperatur für eine eutektoidische Fe-M-C Legierung

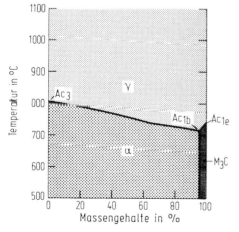

Bild 29: Änderung der Massengehalte an γ-Eisen, α-Eisen und M$_3$C mit der Temperatur für eine untereutektoidische Fe-M-C-Legierung

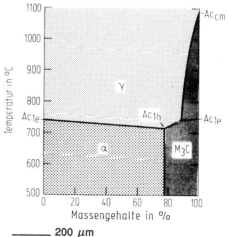

Bild 30: Änderung der Massengehalte an γ-Eisen, α-Eisen und M$_3$C mit der Temperatur für eine übereutektoidische Fe-M-C-Legierung

In legierten Stählen werden zum Teil andere Carbide als Zementit gebildet. In diesem Fall schreibt man anstelle von Ac_{cm} Ac_c (C: Carbid). Der Punkt Ac_2 wurde dem Curie-Punkt zugeordnet, d.h. dem Übergang von dem ferromagnetischen Zustand bei tiefen Temperaturen zu dem paramagnetischen Zustand bei hohen Temperaturen. Dies ist heute nicht mehr üblich, da die Änderung des magnetischen Zustandes eine andere Art der Umwandlung darstellt als die α-γ-Phasenumwandlung. In Bild 27 sind keine Zahlen eingetragen, da sowohl die Temperaturlage der Ac-Punkte als auch z.B. der Kohlenstoff-Gehalt des eutektoidischen Punktes vom Legierungsgehalt des Stahles abhängig sind.

Bei legierten Stählen, zum Teil mit hohen Gehalten an Legierungselementen, ist eine derart einfache Beschreibung der Gleichgewichte nicht möglich, da die Anordnung der Phasenräume nicht mit derjenigen des Zweistoffsystems Eisen-Zementit vergleichbar ist. So kann durch Zusätze von Elementen wie Cr, Si oder Ti erreicht werden, daß die α-γ-Umwandlung bei der Erwärmung unterdrückt wird, der Stahl ist von Raumtemperatur bis zum Schmelzpunkt ferritisch. Das in *Bild 31* gezeigte Gefüge einer entsprechenden Modellegierung zeigt einen derartigen Ferrit. Durch Zusätze von Mn und Ni oder geeignete Kombinationen von Ni und Cr lassen sich Stähle erzeugen, die von Raumtemperatur bis zum Schmelzpunkt austenitisch sind. Die Gefüge, *Bild 32*, sind durch parallele Linien gekennzeichnet, die sogenannten Zwillinge. Auf diese Gefüge legierter Stähle kann in diesem Buch nicht näher eingegangen werden.

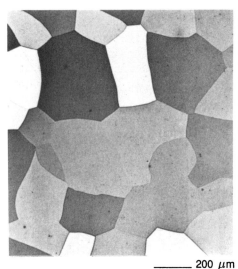

———— 200 μm

Bild 31: Ausbildung der Ferritkörner in einem ferritischen Stahl mit 3,5% Si, 1,5% Ti und 0,5% Mn. 1200°C 2 h/ Wasser + 600°C 50 h/Luft. Durch die Wärmebehandlung sind die Körner sehr groß geworden. Ätzung: Pikrinsäure + HCl. Durch diese Ätzung werden bei dem vorliegenden Stahl nach Anlassen die Körner je nach der Orientierung ihrer Elementarzellen anders gefärbt (vgl. Bild 52)

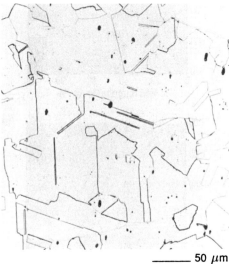

———— 50 μm

Bild 32: Ausbildung der Austenitkörner in einem austenitischen Stahl mit 18% Cr und 9% Ni. 1100°C 15 min/Wasser. Durch die Wärmebehandlung ist ein grobes Korn entstanden. Ätzung mit Königswasser

6 Das Austenitisieren

Durch das Austenitisieren wird ein austenitischer Mischkristall angestrebt, aus dem während der anschließenden Abkühlung die gewünschten Gefüge entstehen sollen. Der Temperaturbereich, in dem ein austenitischer Mischkristall gebildet wird, ist für jeden Stahl durch das Zustandsschaubild gegeben. Ausgangszustand seien Ferrit, der lediglich einige tausendstel % Kohlenstoff lösen kann, und Zementit mit einem Massengehalt von rd. 6,9 % C. Erwärmt man diesen Stahl auf eine Temperatur, bei der Austenit beständig ist, so muß sich der Kohlenstoff gleichmäßig in dem Austenit verteilen, das bei tiefen Temperaturen neben dem Ferrit vorliegende Carbid muß in dem Mischkristall gelöst werden. Diese Verteilung des Kohlenstoffs und damit die Austenitbildung erfordern wegen der begrenzten Diffusionsgeschwindigkeit des Kohlenstoffs eine gewisse Zeit.

Technische Austenitisierungen verlaufen meist isothermisch, d.h. die Werkstücke werden auf eine vorgesehene Temperatur erwärmt und bei dieser Temperatur gehalten. Bei kontinuierlicher Austenitisierung werden die Werkstücke schnell auf eine vorgegebene Spitzentemperatur erwärmt mit unmittelbar folgender Abkühlung. Diese Temperatur-Zeit-Führung entsteht vielfach beim Flammhärten und Induktionshärten. In beiden Fällen kann der Ablauf der Austenitbildung durch entsprechende Schaubilder beschrieben werden.

Die Gliederung folgt der Einteilung in unter- und übereutektoidische Stähle, die entsprechend dem Zustandsschaubild, Bild 27, einen unterschiedlichen Austenitisierungsablauf haben.

6.1 Das Austenitisieren untereutektoidischer Stähle

6.1.1 Isothermisches Austenitisieren

Für die Messung des Ablaufes einer isothermischen Austenitbildung werden dünne Proben auf eine vorgegebene Temperatur erwärmt und auf dieser Temperatur gehalten. Man kann durch Abschrecken von Proben nach unterschiedlicher Haltedauer und anschließende metallographische Untersuchung oder durch die Messung der Änderung physikalischer Eigenschaften während des Haltens die Bildung des Austenits verfolgen und damit die Zeit für den Durchgang durch die einzelnen Phasenfelder ermitteln. Sie werden, analog zu Bild 27, in *Bild 33* mit Ac_{1b} (O), Ac_{1e} (⊖) und Ac_3 (⊕) bezeichnet. Die Verbindungslinien gleichartiger Umwandlungspunkte geben die **zeitliche** Abfolge der Austenitbildung an. Bei 790 °C z.B. entsteht erst mit Überschreiten von Ac_{1b} nach 0,8 s der erste Austenit (γ). Mit zunehmender Zeit wird das Dreiphasengebiet $\alpha + \gamma + M_3C$ durchlaufen, es gehen zunehmend mehr Carbide M_3C in Lösung. Mit Überschreiten von Ac_{1e} bei 20 s sind alle Carbide in Lösung gegangen, aber erst ein Teil des Ferrits (α) ist in Austenit umgewandelt. Mit weiter zunehmender Haltedauer wird in dem Zweiphasengebiet $\alpha + \gamma$ immer mehr Ferrit in Austenit umgewandelt, bis nach Überschreiten von Ac_3 nach 8000 s die Umwandlung abgeschlossen ist, es liegt nur noch Austenit vor. In *Bild 34* ist für eine Temperatur von

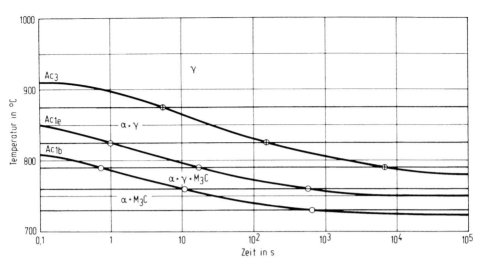

Bild 33: Schematische Darstellung des Ablaufes der Austenitbildung in einem untereutektoidischen Stahl während einer isothermischen Glühung in einem Zeit-Temperatur-Austenitisierungs(ZTA)-Schaubild für isothermisches Austenitisieren

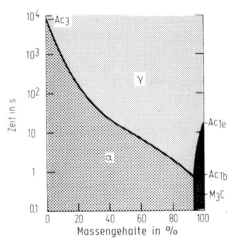

Bild 34: Änderung der Gefügeanteile an γ-Eisen, α-Eisen und M_3C mit der Zeit für eine Austenitisierung bei 790 °C entsprechend Bild 33

790 °C die Bildung der Phasen analog zu der Darstellung in Bild 30 wiedergegeben. Anstelle der Temperatur ist in Bild 34 jedoch die Zeit aufgetragen.

Bei 760 °C beginnt nach Bild 33 die Bildung des Austenits nach rd. 10 s, aber erst nach 700 s sind alle Carbide in Lösung gegangen. Auch nach unendlich langen Haltedauern entstehen nicht 100 % Austenit, da die gewählte Temperatur im Zweiphasengebiet Ferrit + Austenit (in Bild 33 $\alpha+\gamma$) liegt. Bei 800 °C beginnt die Bildung des Austenits bereits nach 0,3 s mit Überschreiten der Zeit für Ac_{1b}. Nach 9 s sind alle Carbide in Lösung gegangen, mit Überschreiten der Zeit für Ac_{1e} liegen nur noch Ferrit und Austenit vor.

Nach 1600 s ist die Bildung des Austenits abgeschlossen, die Zeit für Ac_3 überschritten. Bei 825 °C liegt mit Erreichen der Temperatur bereits Austenit vor. Nach 1 s sind alle Carbide aufgelöst, nach 150 s ist aller Ferrit in Austenit umgewandelt. Bei 875 °C sind bei Erreichen der Temperatur bereits alle Carbide gelöst, nach 8 s besteht das Gefüge ausschließlich aus Austenit.

Extrapoliert man die Linien durch die Meßpunkte in Bild 33 bis zur Zeit unendlich, so münden sie ein in die Gleichgewichtstemperaturen, wie sie das Zustandsschaubild angibt: Das Zustandsschaubild ist der Grenzfall für eine unendlich lange Austenitisierung bei einer gegebenen Temperatur, vgl. Bild 42.

Das in den Bildern 33 und 34 dargestellte Austenitisierungsverhalten ist idealisiert dargestellt. Bei realen Stählen ist eine eindeutige Festlegung einer Zeit für Ac_{1e} selten möglich, ist auch nach Überschreiten der Zeit für Ac_3 das Gefüge noch nicht homogen. Dies soll am Beispiel eines ZTU-Schaubildes für einen Stahl Ck 45 erläutert werden. In *Bild 35* sind für einen Stahl Ck 45 die Linien Ac_{1b}, Ac_{1e} und Ac_3 für ein isothermisches Austenitisieren entsprechend Bild 33 eingezeichnet. Zusätzlich sind Linien gleicher Härte eingetragen, die man erhält, wenn die Proben nach einer bestimmten Haltedauer auf einer vorgegebenen Temperatur so abgeschreckt werden, daß sie martensitisch umwandeln (vgl. Abschnitt 7). In Bild 33 ist eine unendlich schnelle Erwärmgeschwindigkeit angenommen worden. Realisierbar ist z.B. eine Erwärmgeschwindigkeit von 130 °C/s, die Bild 35 zugrunde liegt. Die Zeitzählung beginnt mit dem Erreichen der Austenitisiertemperatur. Nach Bild 35 setzt 0,3 s nach Erreichen von 800 °C die Bildung des Austenits ein, die Zeit für Ac_{1b} ist überschritten. Nach 9 s besteht das Gefüge nur noch aus Ferrit und Austenit. Erst nach 1600 s ist mit Überschreiten von Ac_3 die Bildung des Austenits abgeschlossen. Die Härte beträgt nach martensitischem Abschrecken 700 HV 10. Sie steigt mit weiterer Haltedauer noch auf 760 HV 10 an.

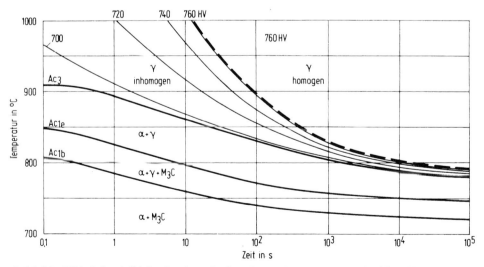

Bild 35: *ZTA-Schaubild für isothermisches Austenitisieren eines Stahles Ck 45 (schematisch). Erwärmgeschwindigkeit auf Austenitisiertemperatur 130 °C/s. Zusätzlich sind Linien gleicher Härte nach Abschrecken zu Martensit eingetragen*

Austenitisiert man eine Probe bei 850 °C, so besteht das Gefüge bei Erreichen der Temperatur aus Ferrit und Austenit. Nach 20 s Haltedauer liegt nur noch Austenit vor, die Härte des Martensits beträgt nach dieser Haltedauer 700 HV 10. Nach einer Haltedauer von 500 s ist die Härte auf 760 HV 10 angestiegen. Die Endhärte des martensitischen Gefüges ist nur abhängig von dem Kohlenstoffgehalt des martensitischen Mischkristalls und damit des Austenits, aus dem er entsteht, vgl. Bild 71. Aus Austenit mit einem Massengehalt an Kohlenstoff von 0,45 % entsteht ein Martensit mit einer Härte von 760 HV 10. Der Kohlenstoffgehalt des nach einer Haltedauer von 20 s gebildeten austenitischen Mischkristalls ist mit 700 HV 10 geringer als es dem Kohlenstoffgehalt des Stahles entspricht. Aus dieser Änderung der Härte des Martensits mit der Haltedauer geht neben anderen Messungen hervor, daß auch nach Überschreiten von Ac_3 der Kohlenstoff nicht gleichmäßig in dem austenitischen Mischkristall verteilt ist. Es sind zwar metallographisch keine Carbide mehr zu erkennen, der Kohlenstoff ist aber noch an den Stellen angereichert, an denen vorher Carbide lagen. In diesem Zustand ist der Austenit besonders „umwandlungsfreudig" (vgl. Abschnitt 7.5), so daß z.B. nach einem Härten Weichfleckigkeit auftreten kann. Erst nach Erreichen eines für technische Zwecke ausreichend homogenen Austenits wird die größtmögliche Härte erreicht, die dann unabhängig von der Austenitisierungsdauer ist.

In *Bild 36* ist diese Bildung des Austenits verdeutlicht. Nach einer Haltedauer von 120 s bei 739 °C wurde die Probe abgeschreckt, so daß der bis zu diesem Zeitpunkt gebildete Austenit zu Martensit umwandelte. Man erkennt deutlich, daß der Austenit zwischen den Zementitlamellen in den Perlit wächst und nach Umwandlung des Ferrits noch Carbide ungelöst im Austenit liegen, vgl. hierzu auch Bild 44.

In Bild 35 ist der Bereich des inhomogenen Austenits gegen den Bereich des homogenen Austenits durch eine gestrichelte Linie abgegrenzt. *Bild 37* ist eine farbige Darstellung des Bildes 35. Der Bereich des inhomogenen Austenits ist durch eine Mischung aus Hell- und Dunkelrot gekennzeichnet. In den Zweiphasengebieten geben die Änderungen der Farbanteile mit der Zeit die Änderung der Mengenanteile der Phasen mit der Zeit wieder.

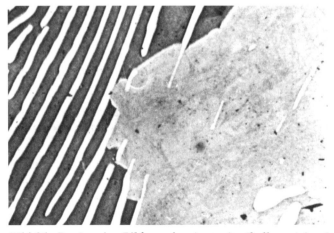

Bild 36: Beginn der Bildung des Austenits (hellgrau) in einem perlitischen Gefüge. Carbide weiß, Ferrit schwarz. Aufnahme im Rasterelektronenmikroskop. Stahl C 70, Austenitisierung 739 °C 120 s / H_2O [Rose und Strassburg 1956]

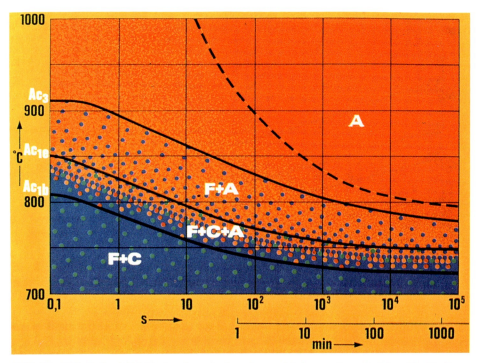

Bild 37: ZTA-Schaubild für isothermisches Austenitisieren eines Stahles Ck 45. Dunkelrot: homogener Austenit (A), aufgehelltes Rot: inhomogener Austenit, Blau: Ferrit (F), Grün: Zementit, Carbid (C)

Bei 800 °C beginnt die Bildung des Austenits 0,3 s nach Erreichen der Temperatur. Nach 9 s Haltedauer sind alle Carbide metallographisch aufgelöst. Das Gefüge besteht aus Ferrit und Austenit. Nach 1600 s ist der Ferrit vollständig in Austenit umgewandelt. Die Härte eines aus diesem Austenit gebildeten Martensits beträgt jedoch nur 700 HV 10. Dies deutet darauf hin, daß der austenitische Mischkristall weniger als 0,45 % Kohlenstoff enthält, obwohl nach 9 s metallographisch bereits keine Carbide mehr erkennbar sind. Wird die Austenitisierungsdauer auf 10500 s verlängert, ist der Kohlenstoff im Austenit gleichmäßig verteilt, ein aus diesem Austenit gebildeter Martensit hat die höchste, in diesem Stahl erreichbare Härte von 760 HV 10. Wird bei 900 °C austenitisiert, liegen mit Erreichen der Austenitisiertemperatur keine Carbide mehr vor, bereits nach einer Haltedauer von 0,8 s ist die Bildung des Austenits abgeschlossen, nach einer Haltedauer von 100 s ist der Austenit homogen, der nach Abschrecken gebildete Martensit hat die dem Kohlenstoffgehalt des Stahles entsprechende Härte von 760 HV 10.

In zahlreichen technischen Stählen ist die Auflösung der Carbide erst mit der vollständigen Umwandlung des Ferrits in Austenit, d.h. nach Überschreiten der Linie für Ac_3 abgeschlossen. In diesem Fall kann eine Temperatur Ac_{1e} nicht festgelegt werden.

Neben der Homogenität des Austenits ist ein weiterer wesentlicher Parameter für die Beurteilung einer Austenitisierung die Korngröße. In *Bild 38* sind neben den Linien für die Ac-Temperaturen Linien gleicher Korngröße eingezeichnet. Sie sind in Korngrößen-Kennzahlen G nach DIN 50 601 angegeben, die den ASTM-

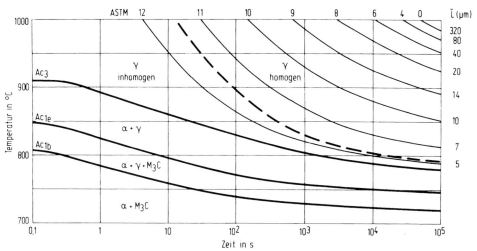

Bild 38: *ZTA-Schaubild für isothermisches Austenitisieren eines Stahles Ck 45. Erwärmgeschwindigkeit auf Austenitisiertemperatur 130 °C/s. Zusätzlich eingetragen sind Linien gleicher Austenitkorngröße*

Korngrößenzahlen entsprechen. Die Definition ist: $m = 8 \cdot 2^G$. m ist die mittlere Anzahl der Körner je mm². Der Wert G kann unmittelbar durch Vergleich des Gefüges mit Richtreihenbildern nach DIN 50 601 ermittelt werden oder durch Auszählen der Körner je Meßflächeneinheit. Am rechten Bildrand ist die Korngröße zusätzlich als mittleres Linienschnittsegment $\bar{L}$ in μm angegeben. Diese Größe wird häufig auch als mittlere Sehnenlänge bezeichnet. Man erhält diesen Wert, wenn man zahlreiche Meßlinien über das Bild legt und die mittlere Länge der Linienabschnitte in den einzelnen Körnern ermittelt, d.h. die Gesamtlänge der Meßlinien L_0 durch die Anzahl der geschnittenen Körner oder Korngrenzen N teilt:

$$\bar{L} = \frac{L_0}{N} = \frac{1}{N_L}\ \mu m.$$

N_L ist die Anzahl der gezählten Korngrenzen je Längeneinheit der Meßlinie. Zu beachten ist, daß L_0 als Länge der Meßlinie auf der Probe anzugeben ist. Bei Beobachtung im Mikroskop ist daher die Vergrößerung zu berücksichtigen. Der Wert $\bar{L}$ ist ein mittlerer Durchmesser der Körner und damit anschaulicher als die Zahl G. Gibt man die mittlere Sehnenlänge $\bar{L}$ in Mikrometern, gemessen auf der Probe, an, so ist: $G = 10 - 6{,}6 \cdot \lg (0{,}1 \cdot \bar{L})$. Mit dieser Gleichung kann aus einem Meßwert $\bar{L}$ die Kennzahl G errechnet werden. Um eine Vorstellung von der Bedeutung der Kennzahlen zu geben, sind in *Bild 39* zwei Korngrößen nebeneinander dargestellt.

Ein weiterer Wert zur Beschreibung von Korngrößen ist die spezifische Grenzfläche S_V. Sie ist definiert als die Oberfläche S aller Körner, bezogen auf das Gesamtvolumen V. $S_V = \frac{S}{V}\ \frac{\mu m^2}{\mu m^3}$. Die Dimension $\frac{\mu m^2}{\mu m^3}$ kann zu μm^{-1} vereinfacht werden. Dieser Wert für die dreidimensionale Oberfläche kann an einer Schliffebene ermittelt werden. Es ist $S_V = \frac{2}{\bar{L}} = 2 \cdot N_L\ \mu m^{-1}$. In einigen Darstellungen, z.B. Exner und Hougardy 1986, findet man $S_V = \frac{4}{\bar{L}}\ \mu m^{-1}$ als doppelte Korngrenzenfläche. Dies ist sinnvoll im Vergleich zu der spezifischen Grenzfläche von Teilchen, für die $S_V = 4\ N_L\ \mu m^{-1}$ gilt.

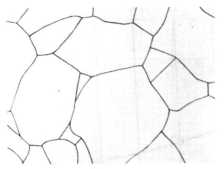 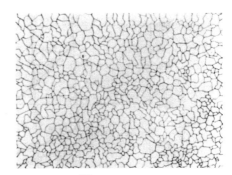

Kennzahl 4; $\overline{L} = 80$ μm _____ 60 μm   *Kennzahl 11; $\overline{L} = 7$ μm* _____ 40 μm

<u>Bild 39:</u> *Vergleich der Kornausbildung eines Austenits einer Korngröße entsprechend der Kennzahl 11; $\overline{L} = 7$ μm und eines Austenits einer Korngröße der Kennzahl 4, $\overline{L} = 80$ μm. $\overline{L}$ ist das jeweilige mittlere Linienschnittsegment*

Für die in Bild 39 wiedergegebenen Körner ist für $\overline{L} = 80$ μm $S_V = 0{,}025 \, \frac{\mu m^2}{\mu m^3}$ oder in einer etwas anschaulicheren Dimension $0{,}025 \, \frac{m^2}{cm^3}$. Für $\overline{L} = 7$ μm ergibt sich

$$S_V = 0,29 \, \frac{\mu m^2}{\mu m^3} = 0,29 \, \frac{m^2}{cm^3}.$$

In Tafel 7, Abschnitt 11, sind die unterschiedlichen Kennzeichnungen der Korngröße gegenübergestellt. Bild 38 zeigt die Grenzen der Möglichkeiten technischer Austenitisierungen. Nach einer Austenitisierung bei 820 °C und 10^5 s wird eine Korngröße der Kennzahl 11 erreicht, entsprechend einer mittleren Sehnenlänge von 7 μm. Der Austenit ist feinkörnig. Nach einer Austenitisierung bei 1000 °C und einer Haltedauer von $6 \cdot 10^4$ s ist bereits ein grobes Korn mit einem Linienschnittsegment $\overline{L} = 320$ μm entstanden. Die Linie für eine Korngröße entsprechend einer mittleren Sehnenlänge von $\overline{L} = 7$ μm wird bereits nach 40 s überschritten. Bei einer Austenitisierung bei 790 °C ist nach einer Haltedauer von $6 \cdot 10^4$ s gerade der Bereich des homogenen Austenits erreicht. Dies bedeutet, daß bei niedrigen Temperaturen mitunter sehr lange Haltedauern für eine ausreichende Austenitisierung erforderlich sind, aber mit Sicherheit ein feines Korn erreicht werden kann. Bei sehr hohen Austenitisierungstemperaturen wird der Bereich des homogenen Austenits bereits nach sehr kurzer Haltedauer erreicht, bei langen Haltedauern ist jedoch mit einer Kornvergröberung zu rechnen.

Das in Bild 33 wiedergegebene ZTA-Schaubild ist mit Plättchen von 1 mm Dicke aufgestellt worden, die sehr schnell auf die gewünschte Austenitisiertemperatur erwärmt werden können. Größere Werkstücke benötigen für die Erwärmung Minuten bis Stunden. Ein Austenitisieren bei 1000 °C mit einem Abbruch nach 40 s ist daher technisch in der Regel nicht realisierbar. Austenitisierungen unter technischen Bedingungen entsprechen in der ersten Phase einer kontinuierlichen Erwärmung.

6.1.2 Austenitisieren mit kontinuierlichem Erwärmen

Für die Messung der Austenitbildung **während** einer Erwärmung werden Proben mit unterschiedlicher Geschwindigkeit erwärmt. Durch Abschrecken unmittelbar nach Er-

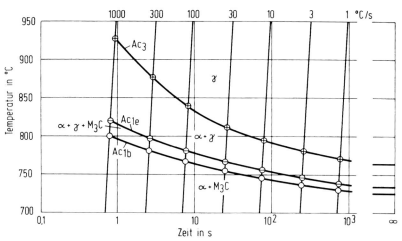

Bild 40: Darstellung des Ablaufes der Austenitbildung in einem untereutektoidischen Stahl während einer kontinuierlichen Erwärmung in einem Zeit-Temperatur-Austenitisierungs(ZTA)-Schaubild für kontinuierliches Erwärmen

reichen einer vorgewählten Spitzentemperatur und anschließender metallographischer Untersuchung oder durch die Messung der Änderung physikalischer Eigenschaften während der Erwärmung können dann die Temperaturen ermittelt werden, zu denen die Austenitbildung die anhand von Bild 27 beschriebenen Zustände durchläuft. In Bild *Bild 40* sind in ein Diagramm mit den Koordinaten Temperatur (Y-Achse) und Zeit (untere Skala) Linien gleicher Erwärmgeschwindigkeit eingetragen (obere Skala). An Proben, die mit einer der angegebenen Geschwindigkeiten erwärmt werden, ermittelt man die Temperatur für Ac_{1b} (O), Ac_{1e} (⊖) und Ac_3 (⊕). Verbindet man in Bild 40 gleichartige Punkte durch Linien, so ergeben sich die Änderungen der Umwandlungspunkte mit der **Erwärmgeschwindigkeit**.

Bei einer Erwärmgeschwindigkeit von 3 °C/s beginnt bei 730 °C mit Überschreiten von Ac_{1b} die Bildung des Austenits, bei 745 °C sind alle Carbide gelöst, das Gefüge besteht oberhalb von Ac_{1e} aus Ferrit und Austenit. Bei 780 °C liegt nur noch Austenit vor. Bei einer Erwärmgeschwindigkeit von 1000 °C/s beginnt die Bildung des Austenits erst bei 800 °C, einer Temperatur, bei der während der Erwärmung mit 3 °C/s die Bildung des Austenits bereits abgeschlossen ist. Oberhalb von 820 °C sind die Carbide aufgelöst, oberhalb von 930 °C ist mit Überschreiten von Ac_3 die Bildung des Austenits abgeschlossen, bei einer um 150 °C höheren Temperatur als während einer Erwärmung mit 3 °C/s.

Bild 41 zeigt das entsprechende ZTA-Schaubild eines Stahles Ck 45. Wie in Bild 38 sind neben dem Verlauf der Umwandlungen Linien gleicher Austenitkorngrößen eingetragen. Bei diesem Stahl fällt bei kontinuierlichem Erwärmen die Linie Ac_{1e} mit der Linie Ac_3 zusammen: Die Auflösung der Carbide ist gegenüber dem Gleichgewicht stark verzögert. Während einer Austenitisierung mit einer Erwärmgeschwindigkeit von 1 °C/s beginnt die Bildung des Austenits bei 730 °C. Bei 785 °C ist mit Erreichen von Ac_3 die Umwandlung zum Austenit abgeschlossen. Mit zunehmender Temperatur wird der Austenit homogener, die Korngröße bleibt zunächst unverändert. Erst mit Überschreiten von 1000 °C beginnt das Austenitkorn merklich zu wachsen,

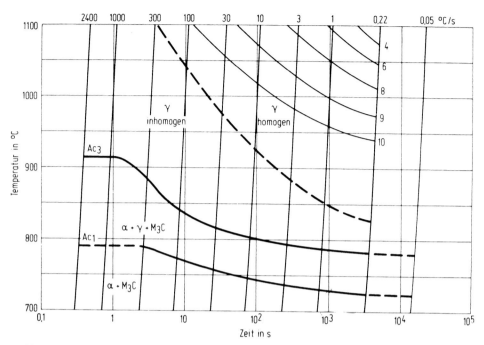

Bild 41: ZTA-Schaubild für kontinuierliches Erwärmen eines Stahles Ck 45 mit Linien gleicher Austenitkorngröße, Kennzahlen nach DIN 50 601, vgl. Abschnitt 11

bei 1100 °C hat das Austenitkorn eine Größe etwa der Kennzahl 6. Während einer Erwärmung mit 1000 °C/s beginnt die Umwandlung zu Austenit erst bei 790 °C. Erst oberhalb von 910 °C liegt mit Überschreiten von Ac_3 nur noch Austenit vor. Wegen der hohen Erwärmgeschwindigkeit ist das Korn auch bei 1100 °C noch sehr fein, ein Kornwachstum hat noch nicht eingesetzt.

Bei einer Erwärmung mit 1 °C/s beginnt die Bildung des Austenits bei 730 °C. Es liegen gleichzeitig Ferrit, Perlit, Carbid und Austenit vor. Bis 780 °C gehen die Carbide in Lösung, der Ferrit wandelt zunehmend in Austenit um. Dieser Vorgang ist bei Erreichen von Ac_3 bei 780 °C abgeschlossen, doch ist der Kohlenstoff noch nicht gleichmäßig im Austenit verteilt, der Austenit ist inhomogen. Erst oberhalb von 850 °C ist der Austenit homogen. Während einer Erwärmung mit 1000 °C/s beginnt die Austenitbildung bei 790 °C, die Auflösung der Carbide und die Umwandlung des Ferrits wird bei Erreichen von Ac_3 bei 920 °C abgeschlossen. Bis zu der höchsten, in den Versuchen erreichten Temperatur von 1100 °C ist der Austenit jedoch inhomogen, der Kohlenstoff nicht gleichmäßig verteilt. Bei allen Erwärmgeschwindigkeiten gehen die Carbide so langsam in Lösung, daß eine Trennung von Ac_{1b} und Ac_{1e} entsprechend Bild 40 nicht möglich ist. Erst bei sehr viel kleineren Erwärmgeschwindigkeiten, die sich dem Gleichgewicht annähern, würde die Ausdehnung des Dreiphasenraumes $\alpha + \gamma + M_3C$ erkennbar werden.

Ergänzt man die in Bild 40 eingetragenen Messungen bis zu unendlich langsamen Erwärmungen, d.h. bis zu der Zeit unendlich, so münden die Ac-Linien ein in die entsprechenden Temperaturen der Gleichgewichte im Zustandsschaubild, *Bild 42*. Das Zustandsschaubild ist der Grenzfall des ZTA-Schaubildes für kontinu-

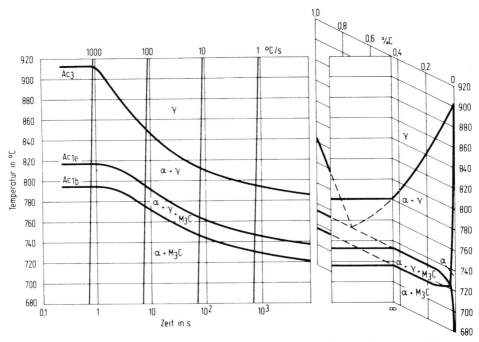

<u>Bild 42:</u> *Das Zustandsschaubild (vgl. Bild 27) als Grenzfall des ZTA-Schaubildes für kontinuierliches Erwärmen mit einer unendlich langsamen Erwärmgeschwindigkeit*

ierliches Erwärmen bei unendlich langsamem Erwärmen. Entsprechend erreicht man bei Verlängerung der Haltedauer bei isothermischer Austenitisierung, vgl. Bild 38, bis zu der Zeit unendlich die Ac-Temperaturen des Gleichgewichtes: Im Gleichgewicht ist es unerheblich, auf welchem Wege ein Zustandspunkt erreicht wird. Die Ac-Temperaturen von Stählen können nicht mit unendlich langsamer Erwärm- oder Abkühlungsgeschwindigkeit gemessen werden. In der Regel werden die Ac-Temperaturen für eine Erwärmung mit 3 °C/min angegeben. Hiervon abweichende Meßbedingungen sollten stets vermerkt werden, da nach den Bilder 33 und 40 die Ac-Temperaturen von der Temperatur-Zeit-Führung abhängig sind.

Die ZTA-Schaubilder für kontinuierliches Erwärmen sind von besonderer Bedeutung für die Beurteilung der Austenitisierung bei Randschichthärten durch Flammhärten, Tauchhärten oder Induktionshärten sowie beim Schweißen und dem Erwärmen von Teilen mit großen Abmessungen.

6.2 Das Austenitisieren übereutektoidischer Stähle

Beim Erwärmen übereutektoidischer Stähle besteht entsprechend Bild 27 das Gefüge nach Überschreiten von Ac_{1e} aus Austenit und ungelösten Carbiden. Die Carbide gehen mit zunehmender Temperatur in Lösung, bis der Austenit homogen ist, Bild 30. Die Bildung des Austenits ist in <u>Bild 43</u> analog zu Bild 38 beschrieben. Bei übereutektoidischen Stählen tritt an Stelle der Linie für die Ac_3-Temperatur die Linie für die Ac_{cm}-Temperatur. Zwischen Ac_{1e} und Ac_{cm} sind zusätzlich Linien gleicher Carbidgehalte eingetragen. Bei isothermischer Austenitisierung eines Stahles C 100

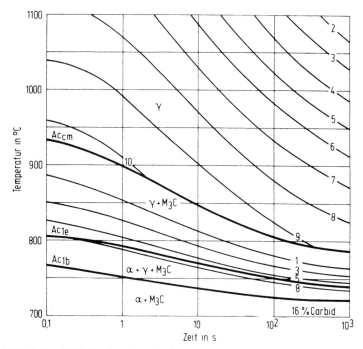

Bild 43: ZTA-Schaubild für isothermisches Austenitisieren eines übereutektoidischen Stahles C 100. Erwärmgeschwindigkeit auf Austenitisiertemperatur 130 °C/s. In dem Bereich zwischen Ac_{1b} und Ac_{cm} sind Linien gleicher Carbidgehalte eingetragen. Oberhalb von Ac_{cm} sind Linien gleicher Austenitkorngröße mit den Kennzahlen nach DIN 50 601 eingezeichnet, vgl. Abschnitt 11

beginnt nach Bild 43 bei einer Temperatur von 750 °C die Austenitbildung nach 1 s. Nach 100 s wird die Linie für Ac_{1e} überschritten, d.h. der gesamte Ferrit ist umgewandelt. Nach 10^3 s liegen Austenit und 4 % Carbid vor. Das Gebiet des einphasigen Austenits wird auch bei langen Haltedauern nicht erreicht. Während der Erwärmung auf eine Austenitisierungstemperatur von 850 °C ist bei der gewählten Erwärmgeschwindigkeit bereits der gesamte Ferrit in Austenit umgewandelt. Mit zunehmender Haltedauer gehen immer mehr Carbide in Lösung. Nach einer Haltedauer von 0,1 s liegen noch 3 % Carbide vor, nach einer Haltedauer von 1 s nur noch 1 %. Nach 8 s wird mit Überschreiten von Ac_{cm} das Gebiet des einphasigen Austenits erreicht, sämtliche Carbide sind in Lösung gegangen. In *Bild 44* ist ähnlich wie für Bild 36 die Bildung des Austenits gezeigt, der in einem weichgeglühten Gefüge als Ausgangszustand entsteht. Der Austenit bildet sich an der Phasengrenze Carbid-Ferrit und wächst von dort in den Ferrit hinein.

Während in dem Bereich zwischen Ac_{1e} und Ac_{cm} eine Austenitkorngröße entsprechend einer Kennzahl zwischen 9 und 10 entsteht, beginnt mit zunehmender Haltedauer bei 850 °C von rd. 10 s an das Korn zu wachsen. Nach einer Haltedauer von 1000 s beträgt die Korngröße etwa 7,5. Der Verlauf der Linien für gleiche Korngröße sowie die oben beschriebenen Beispiele zeigen, daß ein merkliches Kornwachstum erst nach weitgehend vollständiger Auflösung der Carbide beginnt.

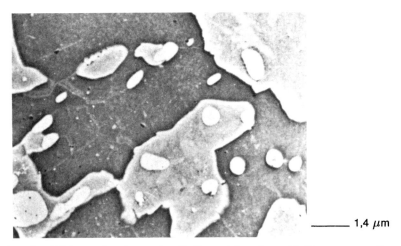

<u>Bild 44:</u> *Beginn der Bildung des Austenits (hellgrau) in einem Gefüge aus großen Carbiden (weiß) und Ferrit (dunkelgrau). Aufnahme im Rasterelektronenmikroskop. Stahl Ck 70, Austenitisierung 763 °C 35 s / H_2O [Rose und Strassburg 1956]*

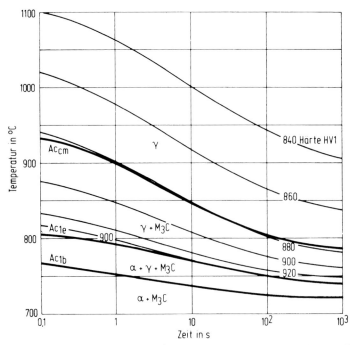

<u>Bild 45:</u> *ZTA-Schaubild für isothermisches Austenitisieren eines übereutektoidischen Stahles C 100. Erwärmgeschwindigkeit auf Austenitisiertemperatur 130 °C/s. Oberhalb Ac_{1e} sind Linien gleicher Härte nach Abschrecken zu Martensit eingetragen*

Bei der Austenitisierung übereutektoidischer Stähle strebt man im Gegensatz zu den untereutektoidischen Stählen keinen homogenen austenitischen Mischkristall an. Übereutektoidische Stähle werden vielmehr in dem Zweiphasengebiet $\gamma + M_3C$, allgemein: Austenit + Carbid, austenitisiert. Dies hat zwei Gründe: Zum einen sollen die bei der Austenitisierung nicht gelösten Carbide verschleißhemmend wirken, da diese Stähle vorwiegend als Werkzeugstähle eingesetzt werden. Zum anderen würde nach einer Umwandlung aus dem Gebiet des homogenen Austenits bei übereutektoidischen Stählen eine unzureichende Härte entstehen. Nach *Bild 45* wird die Höchsthärte des Stahles von 920 HV 1 nach einer Austenitisierung von 10^3 s bei 750 °C erreicht. Eine Austenitisierung bei 900 °C und 10^3 s führt dagegen lediglich zu einer Härte von 840 HV 1. Dieser Härteabfall ist auf eine zunehmende Menge an Restaustenit zurückzuführen, vgl. Abschnitte 7.1, 7.3.2 und 9.2. In diesem Verhalten unterscheiden sich die unter- und übereutektoidischen Stähle grundsätzlich, wie ein Vergleich der Bilder 35 und 45 zeigt.

Wie für untereutektoidische Stähle können auch für übereutektoidische Stähle ZTA-Schaubilder für kontinuierliches Erwärmen aufgenommen werden.

Eine Austenitisierung bei 755 °C führt nach Bild 45 nach einer Haltedauer von 0,9 s zu dem Beginn der Austenitbildung. Nach 80 s ist der gesamte Ferrit umgewandelt, nach 1000 s liegen neben Austenit noch 3 % Carbid vor, Bild 43. Abschrecken von 755 °C nach einer Haltedauer von 1000 s ergibt eine Härte von 920 HV 10, Bild 45. Diese Härte kann nach einer Austenitisierung bei 780 °C bereits nach einer Haltedauer von 10 s und Abschrecken erzielt werden. Bei 780 °C besteht nach Bild 43 nach einer Haltedauer von 10 s ebenfalls ein Gefüge aus Austenit mit 3 % ungelöstem Carbid.

Für technische Wärmebehandlungen werden kurze Austenitisierungsdauern und entsprechend hohe Temperaturen aus Kostengründen bevorzugt, z.B. durch Wärmebehandlung in Salzbädern. Hierbei müssen die gewählten Bedingungen jedoch genau eingehalten werden. Ein Überschreiten einer Temperatur von 780 °C um 30 °C oder eine Verlängerung der Haltedauer von 10 s auf 80 s würde nach Bild 45 zu einer Härte nach Abschrecken von 900 HV 1 anstelle des angestrebten Wertes von 920 HV 1 führen. In Werkzeugstählen sollen die ungelösten Carbide nach dem Härten möglichst in rundlicher Form vorliegen. Ausgangszustand ist daher ein Weichglühgefüge, Bild 44, nicht ein Perlit, Bild 36, der zu langgestreckten, ungelösten Carbiden führen würde, vgl. hierzu Abschnitt 8.2.2.

6.3 Einfluß der chemischen Zusammensetzung und des Ausgangszustandes auf die Bildung des Austenits

Die Meßgenauigkeit der ZTA-Schaubilder beträgt ± 10 °C für die Temperaturangaben und ± 10 % für die Zeitangaben. Größere Abweichungen zwischen einem ZTU-Schaubild und dem wirklichen Umwandlungsverhalten eines Stahles entstehen jedoch dadurch, daß ZTA-Schaubilder streng nur für die Schmelze gelten, aus der die Proben für die Aufstellung des Schaubildes hergestellt wurden, und nur für den Gefügezustand, der vor Beginn der Austenitisierung vorlag. Für praktische Anwendungen können sie daher lediglich Hinweise für den Ablauf der Austenitisierung und den wesentlichen Einfluß von Legierungselementen geben. Schmelzenprüfungen durch Härtebruchreihen oder den Stirnabschreckversuch, welche auch die Austenitisierung beinhalten, sind daher unumgänglich, vgl. Abschnitt 9.

Aus den Bildern 36 und 44 kann man bereits ableiten, daß insbesondere die Größe und Verteilung der Carbide den Vorgang der Austenitisierung entscheidend beeinflussen wird. Große Carbide, wie sie durch ein Weichglühen entstehen, benötigen längere Zeit, um sich in dem in ihrer Umgebung bereits gebildeten Austenit aufzulösen als kleine Carbide, wie sie beim Anlassen von Martensit entstehen. Bei großen Carbiden im Ausgangszustand wird daher bei isothermischem Austenitisieren die Carbidauflösung längere Zeit, bei kontinuierlichem Erwärmen höhere Temperaturen erfordern. In ferritisch-perlitischen Stählen liegt der gesamte Kohlenstoff in dem Carbid des Perlits, während die ferritischen Bereiche praktisch kohlenstofffrei sind. Nach der vollständigen Umwandlung des Ferrits in Austenit muß der Kohlenstoff aus den ehemals perlitischen Bereichen in die ehemals ferritischen Bereiche durch Diffusion einwandern, was vor allem bei niedrigen Temperaturen erhebliche Zeit bis zum Ausgleich des Kohlenstoffs im Austenit erfordert. In _Bild 46_ ist in einem Beispiel die Verschiebung der Linien für die einzelnen Austenitisierungszustände in Abhängigkeit vom Ausgangszustand wiedergegeben. Ist der Ausgangszustand Martensit, entstehen während der Erwärmung extrem feine, gleichmäßig verteilte Carbide, die sich sehr schnell bei der Austenitisierung auflösen. Bei der Umwandlung von Perlit dagegen bleiben nach der Umwandlung von Ferrit, Bild 36, noch Reste der Zementitlamellen im Austenit zurück, die erst nach einiger Zeit in Lösung gehen. Bei einer Erwärmgeschwindigkeit von 100 °C/s ist nach Bild 46 bei Erreichen von 850 °C beim Ausgangszustand Martensit bereits der homogene Austenit erreicht, beim Ausgangszustand Ferrit-Perlit erst nach Überschreiten von 950 °C.

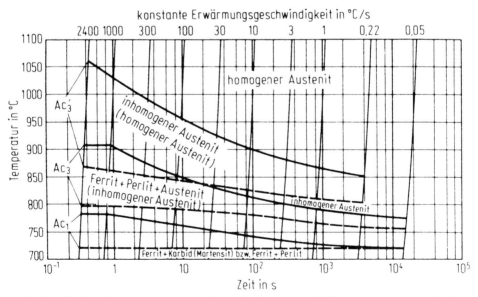

Bild 46: _Einfluß des Ausgangszustandes auf die Austenitbildung bei kontinuierlichem Erwärmen für einen Stahl Cf 53._
⎯⎯⎯ Ausgangszustand Ferrit + Perlit
- - - - - Ausgangszustand Martensit (Gefügeangaben dazu in Klammern) [Nach: Atlas zur Wärmebehandlung der Stähle]

6.4 Beeinflussung der Austenitkorngröße

Nach den Bildern 38, 41 und 43 hat sich bei der Messung ein stetiges Anwachsen der Korngröße des Austenits sowohl mit der Zeit bei isothermischer Austenitisierung als auch mit der Temperatur während einer stetigen Erwärmung ergeben. Diese Korngrößen ergeben sich, wenn die Körner ohne Behinderung anwachsen können. Lagert man in die Stähle Einschlüsse ein, müssen wandernde Korngrenzen diese Hindernisse überwinden, sie werden z.T. auch festgehalten. In _Bild 47_ ist für eine Modelllegierung gezeigt, wie die Korngrenzen von Einschlüssen festgehalten werden. Neben den gut erkennbaren großen Einschlüssen liegen - bei der gewählten Vergrößerung nicht mehr erkennbar - noch zahlreiche kleine Ausscheidungen auf den Korngrenzen.

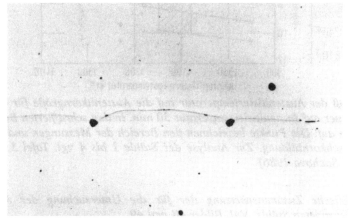

Bild 47: _Korngrenze, die von Teilchen (schwarze Punkte) in ihrer Bewegung behindert ist_

Bei vorgegebenem Volumenanteil an Ausscheidungen ist die Behinderung des Wachstums der Korngrenzen um so größer, je kleiner die Ausscheidungen sind. Dies wird eingesetzt, um mit Ausscheidungen, die einen Durchmesser in der Größenordnung von 1 nm haben, sogenannte Feinkornstähle zu erzeugen, die bei gegebener Austenitisierungstemperatur und Austenitisierungsdauer eine geringere Korngröße haben als Stähle ohne diese Zusätze. Als Ausscheidungen werden vorwiegend Aluminiumnitride sowie in den mikrolegierten Stählen Nitride und Carbonitride der Elemente Titan, Niob, Vanadin und Zirkon eingesetzt. In _Bild 48_ ist für eine Haltedauer von 1800 s für Stähle, die etwa einem Werkstoff St 52 entsprechen, dargestellt, wie die Korngröße des Austenits sich mit der Temperatur ändert. Stahl 1 ist eine Legierung ohne kornfeinende Ausscheidungen. Ein Vergleich mit Bild 38 zeigt, daß das Austenitkorn des Stahles St 52 deutlich gröber ist als in dem Stahl Ck 45. Durch Zusatz von Aluminium und Stickstoff, Stahl 2, bilden sich feinste AlN-Ausscheidungen, die bei 950 °C zu einem wesentlich feineren Austenitkorn führen als es Stahl 1 aufweist. Leider gehen diese Ausscheidungen in dem Temperaturbereich von 1120 °C bis 1180 °C in Lösung, so daß bei hohen Temperaturen ihre Wirkung nicht mehr vorhanden ist. Da die Ausscheidungen aufgrund von Seigerungen nicht an allen Volumenstellen gleichzeitig in Lösung gehen, gibt es in dem schraffierten Bereich in einer Probe

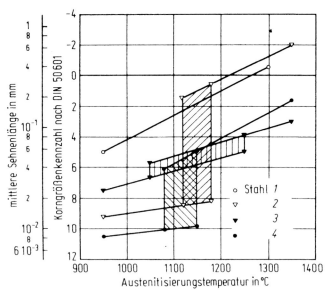

<u>Bild 48:</u> *Einfluß der Austenitisiertemperatur auf die Austenitkorngröße für 4 Werkstoffe. Haltedauer auf Austenitisiertemperatur 30 min. In den schraffierten Bereichen tritt Mischkorn auf. Die Punkte bezeichnen den Bereich der Messungen und die Bereiche der Mischkornbildung. Zur Analyse der Stähle 1 bis 4 vgl. Tafel 5. [Nach: Hougardy und Sachova 1986]*

Tafel 5: Chemische Zusammensetzung der für die Untersuchung der Austenitkorngröße verwendeten Stähle. Vgl. Bilder 48 und 49

Stahl	% C	% Mn	% Al	% N	% Ti
1	0,21	1,16	0,004	0,010	
2	0,17	1,35	0,047	0,017	
3	0,18	1,43	0,004	0,024	0,067
4	0,19	1,34	0,060	0,018	0,14

Stellen mit feinem Austenitkorn neben Stellen mit grobem Austenitkorn, es entsteht ein sogenanntes Mischkorn. Durch Zusatz von Titan bilden sich in Stahl 3 TiN-Ausscheidungen, die bis zu der höchsten untersuchten Temperatur von 1350 °C nicht in Lösung gehen und damit das Austenitkorn fein halten. Allerdings ist ihre Wirkung bei niedrigen Temperaturen gering. In Stahl 4 ist die chemische Zusammensetzung so gewählt, daß sich sowohl Aluminiumnitride als auch Titannitride bilden, so daß Stahl 4 im gesamten Temperaturbereich feinkörnig ist. Im technischen Sprachgebrauch ist es für viele Anwendungsfälle üblich, Korngrößen der Kennzahl 5 und größer als fein, Korngrößen mit Kennzahlen kleiner 5 als grob zu bezeichnen. Stahl 4 ist danach bei einer Haltedauer von 30 min bis zu einer Temperatur von 1150 °C feinkörnig.

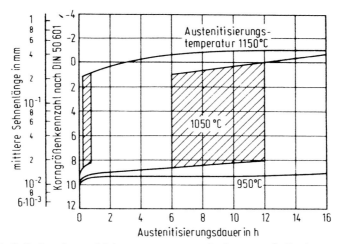

Bild 49: *Einfluß der Austenitisiertemperatur und -dauer auf die Austenitkorngröße bei Stahl 2 nach Tafel 5. In den schraffierten Bereichen liegt Mischkorn vor. [Nach: Hougardy und Sachova 1986]*

In *Bild 49* ist die Korngröße des Austenits für 3 Temperaturen in Abhängigkeit von der Haltedauer dargestellt. Bei kurzen Haltedauern, wie sie z.b. beim Schweißen in der Wärmeeinflußzone auftreten, ist das Austenitkorn fein, da die Auflösung der kornwachstumshemmenden Ausscheidungen diffusionsgesteuert abläuft und damit zeitabhängig ist. Ungelöste Carbide in übereutektoidischen Stählen wirken in gleicher Weise hemmend auf das Wachstum von Austenitkörnern, vgl. Bild 43 und Abschnitt 7.1.2

6.5 Technische Austenitisierung

Für technische Zwecke wählt man für unlegierte Stähle vielfach eine Austenitisiertemperatur von 30 °C bis 50 °C über Ac_3 für untereutektoidische Stähle, für übereutektoidische Stähle eine Temperatur von 30°C bis 50 °C über Ac_1. Unter diesen Bedingungen läuft die Austenitbildung ausreichend schnell ab, ohne daß ein grobes Austenitkorn entsteht. Bei Schnellerwärmungen, z. B. mit 500 °C/s, muß entsprechend Bild 41 die Austenitisiertemperatur höher gewählt werden als bei isothermischer Austenitisierung. In den Normen und Werkstoffblättern ist für jeden Stahl die günstigste Austenitisiertemperatur angegeben.

Die ZTA-Schaubilder können nur Hinweise für die Wahl technischer Austenitisierungen geben, da technische Erwärmungen weder streng isothermisch noch kontinuierlich mit konstanter Erwärmgeschwindigkeit ablaufen. Erwärmungen großer Teile in Öfen führen in der Regel zu einem langsamen Einlaufen auf die gewünschte isothermische Austenitisiertemperatur. Bei ausreichender Haltedauer geben jedoch die Schaubilder für isothermische Austenitisierung zuverlässige Rückschlüsse auf den Austenitisierungszustand in dem Einphasengebiet des Austenits. In diesem Fall spielt die Gefügeausbildung des Werkstückes vor dem Austenitisieren eine untergeordnete Rolle. Bei übereutektoidischen Stählen ist die verbleibende Carbidmenge stark abhängig von der Erwärmgeschwindigkeit und dem Ausgangsgefüge, so daß man für praktische Zwecke eine Härte-Härtetemperatur-Kurve zum Festlegen der günstigsten Austenitisierung aufstellen sollte (vgl. Abschnitt 9.2). Die ZTA-Schaubilder geben jedoch Hinweise für die Größenordnung der zu wählenden Austenitisiertemperaturen und -zeiten.

7 Die Umwandlung

Durch eine gesteuerte Abkühlung nach der Austenitisierung werden in den Stählen die angestrebten Gefüge und damit bestimmte Eigenschaften erzeugt, _Bild 50_. Nach der Austenitisierung - linkes Teilbild - beginnt man für die Abkühlung erneut mit der Zeitzählung. Zwischen der im rechten Teilbild dargestellten kontinuierlichen Abkühlung und der isothermischen Temperatur-Zeit-Führung gibt es beliebig viele Übergänge, z. B. den gestrichelt eingezeichneten Verlauf. Für die im rechten Teilbild dargestellten Grenzfälle der kontinuierlichen Abkühlung und der isothermischen Umwandlung wird der Ablauf der Gefügebildung während der Abkühlung durch Zeit-Temperatur-Umwandlungs-Schaubilder (ZTU-Schaubilder) beschrieben. Für technische Wärmebehandlungen hat das Schaubild für kontinuierliche Abkühlung die größte Bedeutung. Die Grundlagen einer derartigen Beschreibung sind jedoch an dem Schaubild für isothermische Umwandlung einfacher zu erläutern, das aus diesem Grund jeweils als erstes vorgestellt wird. Die ZTU-Schaubilder beschreiben die bei der Umwandlung entstehenden Gefüge, die daher zunächst gekennzeichnet werden.

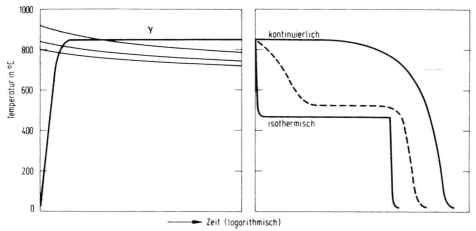

Bild 50: _Temperatur-Zeit-Folge einer Umwandlung: Für die Darstellung des Austenitisierens (linkes Teilbild) und des Abkühlens (rechtes Teilbild) beginnt man jeweils erneut mit der Zeitzählung. Die gestrichelte Abkühlungskurve ist eine Kombination von kontinuierlicher und isothermischer Umwandlung_

7.1 Die bei der Umwandlung entstehenden Gefüge

Abhängig von der gewählten Umwandlungstemperatur entstehen Gefüge, die entsprechend ihren Entstehungsmechanismen in drei Gruppen geteilt werden, _Bild 51_. Die angegebenen Temperaturen gelten nur als grobe Hinweise für den jeweiligen Bildungsbereich, der stark abhängig ist von dem Gehalt an Legierungselementen und

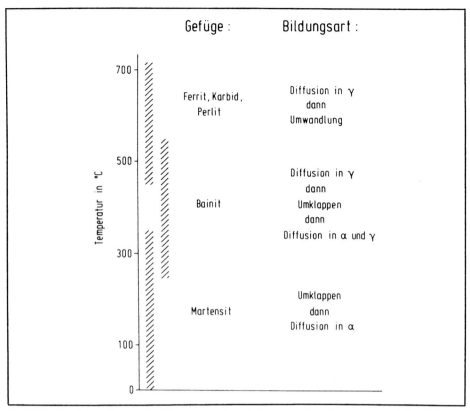

<u>Bild 51:</u> *Größenordnung der Temperaturbereiche sowie Mechanismen bei der Bildung der wichtigsten Gefüge in unlegierten Stählen*

den Abkühlungsbedingungen. Bei hohen Temperaturen können der Kohlenstoff und die Legierungselemente während der Umwandlung diffundieren, d.h. sich über große Strecken bewegen. Dieser Bereich wird nach dem kennzeichnenden Gefüge Perlit-Stufe genannt. Bei sehr schneller Abkühlung können die Atome in der zur Verfügung stehenden Zeit nicht diffundieren, es entsteht diffusionslos durch Umklappen des Gitters das Gefüge des Martensits. Bainit entsteht sowohl durch diffusionsgesteuerte Prozesse als auch durch diffusionslose Vorgänge einer Umwandlung durch Umklappen des Gitters des γ-Eisens in das des α-Eisens. Aus diesem Grunde wird nachstehend die Bildung des Bainits nach der von Ferrit, Perlit und Martensit besprochen.

7.1.1 Ferrit, Carbid, Perlit

In <u>Bild 52</u> ist das Gefüge eines reinen Eisens wiedergegeben. Man erkennt dunkle Linien, die Korngrenzen. Sie bilden die Trennung zwischen den einzelnen Kristalliten des Eisens, die jeweils Einkristalle sind, das heißt zwischen den Korngrenzen liegen Bereiche, in denen die Atomgitter dieselbe Orientierung im Raum besitzen. Wie gut eine Korngrenze sichtbar wird, hängt von dem Orientierungsunterschied zwischen benachbarten Körnern ab. Erfahrungsgemäß gelingt es nicht, **alle** Korngrenzen so gut sichtbar zu machen, daß sie z. B. mit automatischen Geräten zur Bildanalyse fehlerfrei

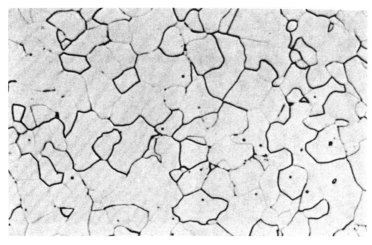

─────── 25 μm

Bild 52: Ausbildung der Ferritkörner in einem reinen Eisen. Im Gegensatz zu Bild 31 sind nach der Ätzung mit Salpetersäure nur die Korngrenzen erkennbar

erkannt werden. Die Form der Körner ergibt sich aus dem Schnitt der Schliffebene durch die in Bild 3 angegebene dreidimensionale Ausbildung, die allerdings meist nicht so regelmäßig ist, wie in Bild 3 angegeben.

Bild 53 gibt ein Gefüge aus Ferrit (weiß) und Zementit (schwarz) eines Stahles C 100 mit einem Massengehalt von 1 % C wieder. Dieses Gefüge entspricht etwa dem Zustand Ferrit + Carbid (α + Fe_3C) entsprechend Bild 16. Das Gefüge ist noch nicht vollständig im Gleichgewicht, da bei langen Glühungen bei 700°C z. B. die Carbide noch größer werden würden. Die Korngrenzen im Ferrit sind nach der Ätzung mit Na-Pikrat nicht zu erkennen. Sie können durch eine zusätzliche Ätzung, z. B. mit HNO_3, sichtbar gemacht werden. Damit wird deutlich, daß das in *Bild 54* wiedergegebene Bild eines Perlits, einer lamellaren Anordnung von Ferrit und Carbid, nicht dem Gleichgewicht entspricht und daher in die Zustandsfelder eines Zustandsschaubildes nicht eingetragen werden kann.

Perlit ist eine lamellare Anordnung von Ferrit und Carbid, Bild 54. Die von H.C. Sorby (englischer Naturforscher, 1826 - 1908) eingeführte Bezeichnung Perlit soll an die Streifen der Schale einer Perlmuschel erinnern. Später wurde der perlmutterähnliche Glanz geätzter Schliffe mit perlitischem Gefüge ebenfalls als Begründung für die Bezeichnung genannt. Die lamellare Struktur des Perlits geht aus *Bild 55* hervor. Im linken Teilbild stehen die Lamellen senkrecht zur Schnittebene wie in Bild 54. Im rechten Teilbild dagegen liegen die Lamellen schräg zur Schnittebene. Durch die Ätzung wird der Ferrit herausgelöst, so daß die Seitenflächen der Zementitlamellen als graue Flächen erscheinen. Die Schnittkante der Lamelle mit der ehemaligen Schliffoberfläche vor dem Ätzen erscheint als feine schwarze Linie. Eine Zementitlamelle ist nicht eine Platte, sondern ein dünnes, mehrfach durchlöchertes Blättchen mit sehr unregelmäßiger Berandung. Eine Abbildung findet sich in De Ferri Metallographia II, Tafel 307/5.

Bei der Bildung des Perlits muß der Kohlenstoff sich über Diffusion so verteilen, daß der Ferrit mit 0,02 % C und der Zementit mit 6,69 % C entstehen können. Mit abnehmender Bildungstemperatur des Perlits wird die Diffusion des Kohlenstoffs

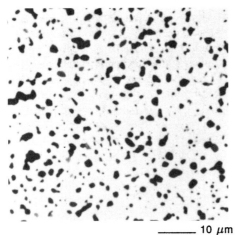

___ 10 μm

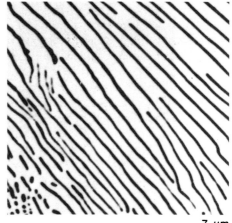

___ 7 μm

Bild 53: Gefüge eines Stahles C 100 nach einem Weichglühen. Wärmebehandlung 810 °C 15 min / Wasser + 750 °C 8 h/Luft. Ätzung: Na-Pikrat

Bild 54: Perlit: lamellare Anordnung von Ferrit (weiß) und Carbid (schwarz). Fe-C-Legierung mit einem Massengehalt von 0,81 % C. Wärmebehandlung 850 °C 10 min / 710 °C 3000 s / Luft. Ätzung: Na-Pikrat

___ 7 μm

___ 10 μm

Bild 55: Perlit in einer Eisen-Kohlenstoff-Legierung mit einem Massengehalt von 1,37 % C. Zementit dunkel, Ferrit weiß. Linkes Teilbild: senkrecht angeschnittene Lamellen. Rechtes Teilbild: schräg angeschnittene Lamellen. Man erkennt als schwarze Linie die Oberkante der Lamellen, daneben hellgrau die durch die Ätzung in HNO_3 freigelegten Seitenflächen

Bild 56: Perlit. Aufgrund der niedrigen Bildungstemperatur von rd. 650 °C ist der Lamellenabstand des Perlits so gering, daß die einzelnen Lamellen im Lichtmikroskop nicht mehr aufgelöst werden können. Stahl C 70. Wärmbehandlung 860 °C/20 s → 500 °C. Ätzung: Pikrinsäure + HCl

erschwert. Die Umwandlung kann nur noch dadurch ablaufen, daß die Lamellenabstände verkleinert werden. Ein z.B. bei 650 °C gebildeter Perlit ist so feinlamellar, daß die einzelnen Lamellen im Lichtmikroskop nicht mehr aufgelöst werden können, *Bild 56*. Man erkennt lediglich die Bereiche gleicher Lamellenrichtung an ihrer unterschiedlichen Färbung, in Bild 56 an ihrer unterschiedlichen Helligkeit. Bei sehr niedrigen Bildungstemperaturen entstehen keine Lamellen mehr, sondern faserartige Carbide. *Bild 57* zeigt dies in einer elektronenoptischen Aufnahme. Die Carbide sind schwarz, der Ferrit weiß. Bedingt durch die Präparation sind die Fasern aufgefächert, in der Probe liegen sie eng gebündelt vor und bilden lamellenähnliche Strukturen. In *Bild 58* ist der Lamellenabstand des Perlits in Abhängigkeit von der Bildungstemperatur wiedergegeben. Die theoretisch zu erwartende Gerade bei einer Auftragung über λ^{-1} ist bei niedrigen Bildungstemperaturen nicht erfüllt, möglicherweise wegen der in Bild 57 gezeigten Aufspaltung.

Bild 57: Faserige Ausbildung des Carbides (schwarz) in einem Perlit eines Stahles Ck 35. Wärmebehandlung: 950 °C 10 min / 120 s → 500 °C. Ausziehabdruck, transmissionselektronenoptische Aufnahme [Rose, Wicher u. Ketteler 1963]

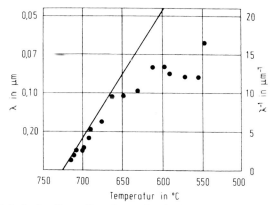

Bild 58: Abhängigkeit des Lamellenabstandes λ des Perlits von der Bildungstemperatur. Punkte: Meßwerte, ausgezogene Linie: berechnet. [Nach: Pitsch und Sauthoff 1984]

In den Bildern 52 und 54 sind die Gefüge Ferrit und Perlit getrennt abgebildet. In vielen Stählen treten sie gleichzeitig auf. *Bild 59* zeigt ein Gefüge aus voreutektoidischem Ferrit und Perlit, wegen der geringen Lamellenabstände ist die Lamellenstruktur des Perlits kaum noch erkennbar. Neben der im Bild 59 gezeigten Form entsteht vor allem in Stählen mit kleinen Kohlenstoffgehalten ein Ferrit in Widmannstättenscher Anordnung, *Bild 60*. A. Beck von Widmannstätten (österreichischer Naturforscher, 1753 - 1849) beschrieb als erster Gefüge einer bestimmten Gruppe von Meteoriten, in denen ebenfalls Phasen in einer Anordnung wie in Bild 60 entstehen. Kennzeichnend für Ferrit in Widmannstättenscher Anordnung sind die fischgrätenähnliche Ausbildung an einer ehemaligen Austenitkorngrenze sowie die Winkel von 60° bzw. 120° zwischen einzelnen Ferritkörnern, die Nadel- bis Plattenform haben. Die Ausrichtung ist dadurch bedingt, daß der Ferrit in dieser Ausbildungsform nur in wenigen Orientierungen zu dem Gitter des Austenitkristalls entstehen kann, in dem er sich bildet.

Auf die Anordnung und Ausbildung der Carbide in der Perlitstufe wird im Zusammenhang mit der Beschreibung der Umwandlung übereutektoidischer Stähle eingegangen, Abschnitt 7.4.

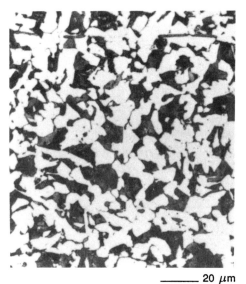

─── 20 μm

Bild 59: Ferrit (weiß) und Perlit (dunkelgrau bis schwarz) in einem Stahl Ck 35. Wärmebehandlung: 900 °C 15 min / Wasser, Gefügeausbildung in der Mitte eines Rundstabes von 30 mm Durchmesser. Ätzung: Pikrinsäure

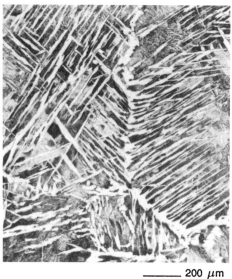

─── 200 μm

Bild 60: Voreutektoidischer Ferrit auf den ehemaligen Austenitkorngrenzen (weiße durchgehende Bänder), Ferrit in Widmannstättenscher Anordnung (weiß, nadelförmige Anordnung), z. T. von den ehemaligen Austenitkorngrenzen ausgehend, und Perlit (dunkelgrauer Untergrund). Stahl 19 Mn 5 Wärmebehandlung 1100 °C 20 min / 400 s → 500 °C [Rose und Klein 1959]

7.1.2 Martensit

Während schneller Abkühlung eines austenitischen Mischkristalls z. B. von 1000 °C (vgl. Bild 16) auf Raumtemperatur entsteht Martensit, Bilder 61 bis 66 (genannt nach A.v. Martens, deutscher Werkstoffkundler, 1850 - 1914). Dieses Gefüge ist ein α-Eisen, das im Gegensatz zu dem Ferrit und dem Perlit ohne eine Diffusion der Atome aus dem Austenit entsteht. Bei der Umwandlung verschieben sich die Atome relativ zueinander um weniger als einen Gitterabstand. Der gesamte Kohlenstoff bleibt zwangsweise in Lösung. In kohlenstoffarmen Stählen besteht der Martensit aus lattenförmigen Kristallen, die wie Dachlatten gebündelt sind. Diese 'Bündel' werden als Pakete bezeichnet, der Martensit als **Lanzettmartensit** oder Massiv-Martensit. In _Bild 61_ ist in einer Aufnahme, die in einem Transmissionselektronenmikroskop gemacht wurde, die Form dieser Martensitlanzetten erkennbar. Die geraden Linien begrenzen jeweils eine Lanzette, die sowohl hell als auch dunkel abgebildet sein kann. Lichtoptisch ist die Lanzettstruktur des Martensits vielfach nur nach Anlassen zu erkennen, _Bilder 62 und 63_. Mit zunehmendem Kohlenstoffgehalt ändert sich das Aussehen des Martensits, _Bilder 62 bis 66_. Ursache ist die Bildung von **Plattenmartensit**, Bild 66, der eine andere geometrische Form hat als die Lanzetten, Bild 61. Beide Ausbildungsformen entstehen z.B. bei Kohlenstoffgehalten um 0,45 % nebeneinander, _Bild 67_. In Stählen mit rd. 0,45 % ist die Struktur des Martensits meist gut sichtbar zu machen, Bild 64. Die dunklen Platten heben sich gut von den Paketen mit Lanzetten ab. Nach Bild 67 ist mit einem Anteil von rd. 20 % Plattenmartensit zu rechnen. In Bild 64 sind Bereiche zu erkennen, die vielfach Winkel von 60° oder 120° zueinander bilden. Dies ist darin begründet, daß die Martensitplatten und -lanzetten in bestimmten Orientierungen zu dem Austenit entstehen, wie es bereits

———— 0,3 μm

Bild 61: Lanzettmartensit in einem Stahl mit 0,03 % Kohlenstoff. Wärmebehandlung: 950 °C 10 min / Wasser. Aufnahme im Transmissionselektronenmikroskop. Die gradlinig verlaufenden Begrenzungen zwischen hellen und dunklen Bereichen kennzeichnen einzelne Lanzetten. Innerhalb einer Lanzette gibt es gleicherweise helle wie dunkle Bereiche.

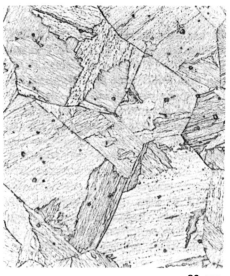 

—— 30 μm

Bild 62: Angelassener Lanzettmartensit in einem Stahl mit Massengehalten von 4 % Ni, 4 % Mn, 2,5 % Si, 1 % Ti und 0,05 % C. Wärmebehandlung: 1200 °C 2 h / Wasser + 500 °C 16 h / Wasser. Die durchgehenden dunklen Linien kennzeichnen die ehemaligen Austenitkorngrenzen, die Streifungen deuten die Richtung der einzelnen Martensitlanzetten an. Die Lanzettstruktur ist durch das Anlassen erkennbar geworden. Ätzung: Pikrinsäure + HCl

—— 20 μm

Bild 63: Martensit in einem Stahl Ck 15. Wärmebehandlung: 950 °C 10 min / Wasser. Obwohl sich überwiegend Lanzettmartensit gebildet hat, ist die Struktur nicht so gut zu erkennen wie in Bild 62, da die Probe nicht angelassen wurde. Ätzung: Pikrinsäure + HCl

für den Ferrit in Widmannstättenscher Anordnung, Bild 60, beschrieben wurde. In übereutektoidischen Stählen ist der zu erwartende Plattenmartensit so fein, daß er lichtoptisch nicht auflösbar ist, Bild 65, vgl. hierzu die Beschreibung zu Bild 69.

Die in Bild 64 erkennbaren Helligkeitsunterschiede innerhalb des Martensits gehen darauf zurück, daß Martensit, beginnend mit einer Temperatur M_s (Martensit-Start), nur abhängig von der erreichten Temperatur in einem Temperaturbereich von rd. 250 °C entsteht. Aus dem kurz unter M_s - im Fall des Stahls Ck 45, Bild 64, sind dies 360 °C - entstehenden Martensit scheiden sich sofort Carbide aus, da der Kohlenstoff nach der Umwandlung in α-Eisen schneller diffundieren kann als vor der Umwandlung im γ-Eisen. In *Bild 68* sind derartige Carbide in einer elektronenoptischen Aufnahme als schwarze Teilchen zu erkennen. Der Bereich der Martensitplatte, in der die Carbide entstanden, erscheint grau. Die daneben liegenden Bereiche sind Martensit-Platten oder Lanzetten, die bei niedrigerer Temperatur entstanden sind, so daß sich keine Carbide mehr ausscheiden konnten. Bei einer M_s-Temperatur von 490 °C für einen Stahl Ck 15 entsteht der letzte Martensit erst bei rd. 240 °C, einer Temperatur, bei der für die gewählte Abkühlung keine Carbide mehr entstehen. Nach

Bei der Umwandlung entstehende Gefüge

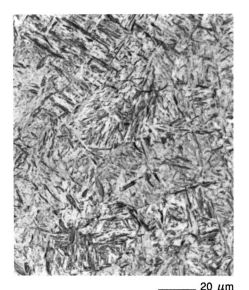

———— 20 μm

<u>Bild 64:</u> Martensit in einem Stahl Ck 45. Wärmebehandlung: 900°C 15 min / Wasser. Ätzung: Pikrinsäure + HCl

———— 20 μm

<u>Bild 65:</u> Martensit in einem Stahl C 70. Wärmebehandlung: 810°C 10 min / Wasser. Ätzung: Pikrinsäure + HCl

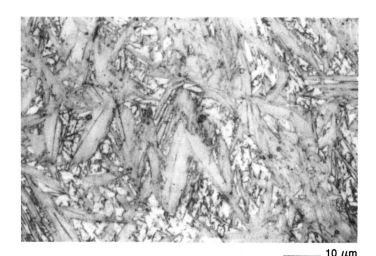

———— 10 μm

<u>Bild 66:</u> Plattenmartensit (grau) und Restaustenit (weiß) in einem Stahl C 160. Wärmebehandlung: 1060°C 20 min / Wasser. Ätzung: Pikrinsäure + HCl

68 Bei der Umwandlung entstehende Gefüge

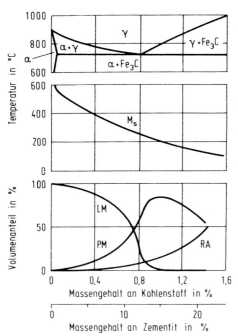

Bild 67: Oberes Teilbild: Ausschnitt aus dem Zustandsschaubild Fe-Fe₃C (vgl. Bild 16). Mittleres Teilbild: M_s-Temperatur in Abhängigkeit vom Kohlenstoffgehalt für Eisen-Kohlenstoff-Legierungen.
Unteres Teilbild: Volumenanteile von Lanzettmartensit (LM) und Plattenmartensit (PM) sowie Restaustenit (RA) in Abhängigkeit vom Kohlenstoffgehalt. [Nach: Pitsch und Sauthoff 1984]

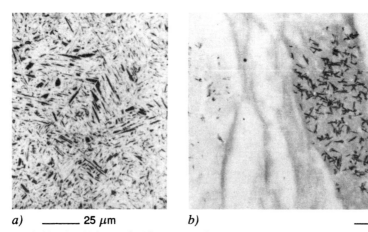

a) ――― 25 µm   b) ――― 1,3 µm

Bild 68: Carbidausscheidungen (schwarz) in einem Martensit eines Stahles Ck 15. Wärmebehandlung: 920 °C 10 min / Öl. Wiedergegeben ist eine dunkel erscheinende Platte. a) Lichtoptische Aufnahme. Ätzung: Pikrinsäure. b) Ausziehabdruck, Aufnahme im Transmissionselektronenmikroskop. [Schrader und Rose 1966]

einer Ölabkühlung ist die Ausscheidung der Carbide gröber und lichtoptisch an der dunklen Tönung einzelner Martensitlamellen besser zu erkennen (Bild 68a) als nach einer Wasserabschreckung, Bild 63. Die Ausscheidung von Carbiden in dem zuerst gebildeten Martensit wird als Selbstanlassen bezeichnet. Weitere Bilder zu diesen Ausscheidungen enthält der Atlas De Ferri Metallographia II, Tafeln 335 und 336.

Der Plattenmartensit entsteht so, daß die erste Platte 1 durch das Austenitkorn hindurchwächst, Bild 69, die nächsten Platten 2 können daher nicht mehr so lang werden,

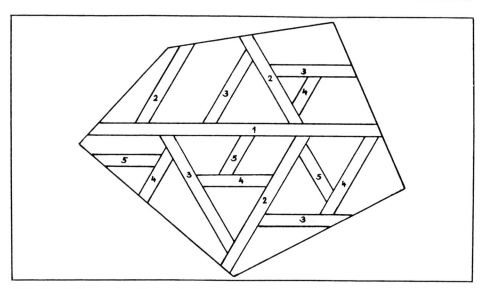

Bild 69: *Bildung der Martensitplatten innerhalb eines Austenitkornes. Die Platten entstehen in der Reihenfolge 1 bis 5*

die Platten 3, 4, 5,... werden immer kürzer. Es entstehen kleine Rest-Zwickel, die in Bild 66 gut zu erkennen sind. Die Temperatur für M_s sinkt mit zunehmendem Kohlenstoffgehalt ab. In Bild 70 sind für unlegierte Stähle die Temperaturen für Beginn und Ende der Martensitbildung in Abhängigkeit vom Kohlenstoffgehalt aufgetragen. Bei 0,8 % Kohlenstoff unterschreitet die Linie für das Ende der Martensitbildung 20 °C, so daß nach Abschrecken auf Raumtemperatur mit weiter zunehmendem Kohlenstoffgehalt zunehmende Anteile an Restaustenit zurückbleiben. Das in Bild 66 wiedergegebene Gefüge besteht aus grauem Plattenmartensit mit Restaustenit, der weiß erscheint. Der Stahl wurde aus dem Gebiet des homogenen Austenits abgeschreckt. Technisch werden übereutektoidische Stähle aus dem Zweiphasengebiet Austenit und Carbid abgeschreckt, vgl. Abschnitt 6.2. Die ungelösten Carbide wirken, wie in Abschnitt 6.4 erläutert, als Behinderung für das Wachstum des Austenitkorns, so daß ein sehr feines Austenitkorn entsteht, aus dem sich beim Abschrecken entsprechend Bild 69 ein sehr feiner Martensit bildet, der in seiner Struktur lichtoptisch nicht auflösbar ist, Bild 65. Die in Bild 66 gut erkennbaren Restaustenit-Bereiche sind bei derartiger Härtung so fein verteilt, daß Volumenanteile von 20 % Restaustenit vielfach lichtoptisch nicht erkennbar sind, vgl. hierzu die Tafeln 331 und 332 in De Ferri Metallographia II. Ein Nachweis von Restaustenit erfordert daher in der Regel röntgenographische Verfahren.

Martensit hat die höchste Härte, die ein Stahl durch eine Umwandlung jeweils annehmen kann. Die Härte des Martensits ist nur abhängig vom Kohlenstoffgehalt, *Bilder 70 und 71*, die Legierungselemente haben praktisch keinen Einfluß. Nach Bild 70 entstehen mit Abnahme der M_s-Temperatur mit zunehmendem Kohlenstoffgehalt zunehmend Anteile an Restaustenit. Dieser Restaustenit hat eine erheblich geringere Härte als der Martensit. Werden daher übereutektoidische Stähle aus dem Gebiet des homogenen Austenits so schnell abgeschreckt, daß nur Martensit entsteht, so nimmt ihre Härte mit zunehmendem Kohlenstoffgehalt entsprechend der gestrichelten Li-

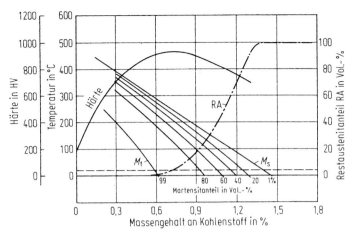

Bild 70: Linien für gleiche Volumenanteile an Martensit in Abhängigkeit von dem Kohlenstoffgehalt und der Temperatur für unlegierte Stähle. Ms: Beginn der Martensitbildung, Mf: Ende der Martensitbildung. Ferner sind eingetragen der Volumenanteil an Restaustenit (RA) sowie die Härte nach Abkühlung auf Raumtemperatur. Alle Werte gelten für eine Austenitisierung im Einphasen-Gebiet des Austenits

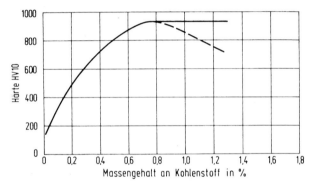

Bild 71: Härte des Martensits in Abhängigkeit vom Kohlenstoffgehalt. Diese Werte sind praktisch unabhängig von dem Gehalt an Legierungselementen. Zur Bedeutung der gestrichelten Linie vgl. den Text

nie in Bild 71 ab. Werden diese Stähle dagegen bei Temperaturen 30 °C bis 50 °C oberhalb Ac_{1e} austenitisiert, so ist der Kohlenstoffgehalt des Austenits unabhängig vom Kohlenstoffgehalt des Stahles, ausgezogene Linie. Für übereutektoidische reine Eisen-Kohlenstoff-Legierungen ergäbe sich z.B. bei einer Austenitisierungstemperatur von 760 °C nach Bild 16 ein Kohlenstoffgehalt von 0,9 %, unabhängig vom Kohlenstoffgehalt des Stahles.

Die Temperaturen für M_s nach Bild 70 werden durch Legierungselemente zum Teil stark erniedrigt und der Temperaturunterschied zwischen M_s und M_f vergrößert, so daß bei legierten Stählen nach Abschrecken bereits bei kleineren Kohlenstoffgehalten als bei reinen Eisen-Kohlenstoff-Legierungen Anteile an Restaustenit bestehen bleiben.

7.1.3 Bainit

Bei einer Umwandlung im mittleren Temperaturbereich entsteht nach Bild 51 ein als Bainit (benannt nach E.C. Bain, amerikanischer Matallkundler) bezeichnetes Gefüge. Bei seiner Bildung diffundiert zwar noch der Kohlenstoff, die Eisenatome sowie die Atome der Legierungselemente jedoch praktisch nicht mehr. Die Umwandlung läuft daher teilweise diffusionslos wie bei der Martensitbildung ab. Im deutschen Schrifttum wurde dieses Gefüge früher, entsprechend seiner Stellung zwischen der Perlit- und der Martensit-Stufe, als Zwischenstufengefüge bezeichnet. Der genaue Vorgang bei der Bildung des Bainits ist noch umstritten [Aaronson und Reynolds 1988 sowie Bhadeshia 1988]. Die Angaben in Bild 51 lassen bereits erwarten, daß ein bei hohen Temperaturen gebildeter Bainit ähnlich wie Perlit, ein bei tiefen Temperaturen gebildeter Bainit ähnlich wie Martensit entstehen wird. Die folgende Darstellung geht nicht auf alle Einzelheiten im Bildungsmechanismus ein, gibt jedoch Hinweise, die das Erkennen von bainitischem Gefüge erleichtern werden. Wird ein Stahl mit einem Kohlenstoffgehalt von c_0, *Bild 72*, auf eine Temperatur T_1 abgekühlt, so entstehen durch Diffusion im Austenit an Kohlenstoff verarmte Bereiche, in denen M_s durch Kohlenstoffverarmung unterschritten wird. Es entsteht Lanzettmartensit (Bilder 61 und 67) mit einem so geringen Kohlenstoffgehalt, daß sich - anders als für Bild 68 beschrieben - keine Carbide ausscheiden. Der Martensit ist daher lichtoptisch vom Ferrit nicht zu unterscheiden. In *Bild 73* sind die so entstehenden Ferrit-Lanzetten gut zu erkennen. Sie wachsen mit der Zeit, da der Kohlenstoff vor der Phasengrenze Ferrit-Austenit immer weiter in den Austenit wandert und sich dort anreichert, in Bild 72 durch die gestrichelte Linie rechts der Konzentration c_0 angedeutet. Zwischen zwei parallel wachsenden Martensit-Lanzetten reichert sich der Kohlenstoff dann so weit an, daß dort Carbide entstehen. Dies ist in den Bilder 73 und 74 sehr gut zu erkennen. Die Anordnung von Ferrit und Carbid in *Bild 74* erinnert an Perlit, Bild 54, doch bilden die Carbide im Bainit keine Lamellen, sondern mehr oder weniger lange Stäbchen oder kleine Plättchen. Dies geht auch aus *Bild 75*, einer lichtoptischen Aufnahme, hervor. Je niedriger die Bildungstemperatur des Bainits ist, desto kleiner werden die Lanzetten, desto geringer die Abstände zwischen den Carbiden, die in *Bild 76* nicht mehr einzeln sichtbar sind. Man erkennt lediglich langgestreckte lanzettenförmige Bereiche, die eine andere äußere Begrenzung haben als die Lanzetten beim Martensit, Bilder 62 und 63. Vor allem nach einer Ätzung mit Salpetersäure entstehen - bedingt durch Seigerungen - im Bainit neben dunkel getönten Zonen, (1) in Bild 76, vielfach helle Bereiche (2), die als Martensit gedeutet werden können, obwohl es Bainit ist. Lediglich die feinen weißen Zwickel (3) sind Martensit, der aber erst im

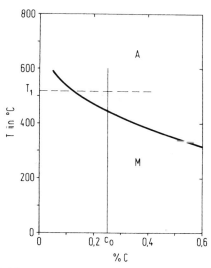

Bild 72: Schema zur Erläuterung der Bildung von Bainit in einem Stahl mit einem Kohlenstoffgehalt c_0

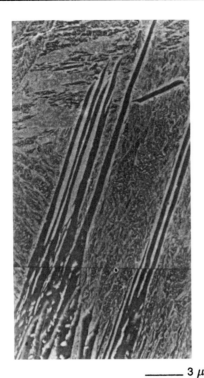

———— 3 μm

Bild 73: Bildung von oberem Bainit in einem Stahl mit 0,48 % C und 2 % Mn bei 475 °C. Dunkelgrau: Ferrit, weiß bis hellgrau: Carbid, hellgraue Flächen: Martensit. Aufnahme im Rasterelektronenmikroskop

———— 1 μm

Bild 74: Oberer Bainit in einem Stahl StE 690. Weiß: Carbide, schwarz: Ferrit. Aufnahme im Rasterelektronenmikroskop

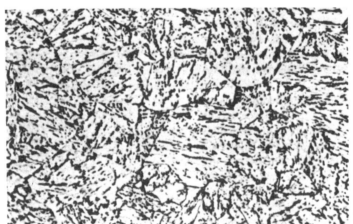

———— 15 μm

Bild 75: Bainit: lanzettförmiger Ferrit (weiß) mit eingelagerten lamellen- bis kugelförmigen Carbiden (schwarze Striche und Punkte). Stahl mit 0,2 % C und 2 % Molybdän. 900 °C 10 min / 450 °C 1000 s / Wasser. Ätzung: Pikrinsäure + HCl

Bild 76: Bainit. Die Anordnung von Ferrit und Carbid ist so fein, daß die Phasen im Lichtmikroskop nicht mehr auflösbar sind. Einzelheiten vgl. Text. Stahl Ck 45. 880 °C 5 min / 370 °C 250 s / Wasser. Ätzung: HNO_3

Elektronenmikroskop eindeutig nachgewiesen werden kann. Dieser Effekt tritt nach Ätzen mit Pikrinsäure in der Regel nicht auf, wodurch eine leichte Kontrolle möglich ist, vgl. Bild 91.

Der bisher beschriebene Bainit wird als oberer Bainit bezeichnet, er ähnelt dem Lanzettmartensit. Bei hohen Kohlenstoffgehalten entsteht der untere Bainit, bei dem die martensitische Umwandlung bei so hohem Kohlenstoffgehalt abläuft, daß Plattenmartensit entsteht und sich nach der Umwandlung aus dem Martensit noch Carbide ausscheiden. Im Bainit findet man dann Carbide im Innern der Ferrit-Bereiche, *Bild 77*, nicht an den Rändern wie bei dem oberen Bainit, Bild 74. Da der Übergang vom oberen zu dem unteren Bainit ähnlich stetig verläuft wie in Bild 67 für den Martensit dargestellt, treten in vielen Stählen beide Arten von Bainit nebeneinander auf,

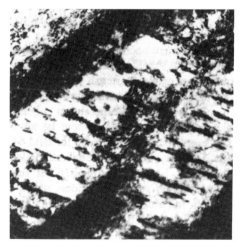

Bild 77:
Unterer Bainit in einem Stahl mit 0,6 % Kohlenstoff, isothermisch umgewandelt bei 300 °C. Aufnahme im Transmissionselektronenmikroskop. In den beiden weiß erscheinenden Bainitplatten sind als schwarze Querstreifen Carbidausscheidungen zu erkennen. [Honeycombe und Pickering 1972]

wodurch in der Praxis eine Unterscheidung erschwert wird. Man sollte daher Gefüge, wie in den Bildern 75 und 76 dargestellt, als groben und feinen Bainit bezeichnen, was der Auswirkung der Gefügeausbildung auf die mechanischen Eigenschaften entspricht. In _Bild 78_ sind drei Gefüge wiedergegeben, die als Musterbilder für die Beschreibung bainitischer Gefüge vorgeschlagen werden [Kawalla et. al. 1990]. Die Ausdrucksweisen 'feinnadelig', 'grobnadelig' und 'körnig' kennzeichnen den für die mechanischen Eigenschaften wesentlichen Abstand und die Anordnung der Carbide innerhalb des Bainits und geben damit eine für praktische Anwendungen sinnvollere Gefügebeschreibung als die Bezeichnungen 'oberer' oder 'unterer' Bainit, die Bildungsmechanismen kennzeichnen.

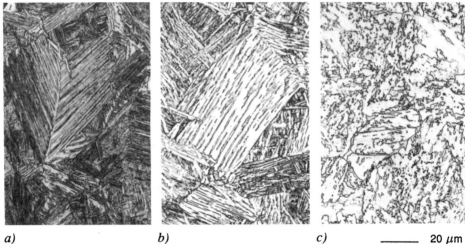

a)　　　　　　　　b)　　　　　　　　c)　　　　——— 20 μm

Bild 78: *Kennzeichnende Ausbildungsformen von Bainit in unlegierten Stählen. Stahl StE 690. Austenitisierung 1250 °C 10 min. a) 10 s → 500 °C feinnadeliger Bainit. b) 100 s → 500 °C grobnadeliger Bainit. c) 1000 s → 500 °C körniger Bainit. [Kawalla et al. 1990]*

7.1.4 Gefüge nach Anlassen

Wird Martensit nach dem Abschrecken auf Temperaturen oberhalb von rd. 100 °C angelassen, so scheiden sich Carbide aus, wie es bereits für den bei hohen Temperaturen gebildeten ersten Martensit anhand von Bild 68 beschrieben wurde. Die Carbide werden um so größer, je höher die Anlaßtemperatur ist, _Bild 79_. Metallographisch erkennt man bei niedrigen Temperaturen angelassenen Martensit lediglich daran, daß er nach gleicher Ätzzeit dunkler getönt ist als nicht angelassener Martensit, der in Bild 64 wiedergegeben ist. Die Probe für Bild 64 wurde deutlich länger geätzt als die für Bild 79a. Da, wie oben beschrieben, die Bildung von Bainit und Martensit in Teilschritten ähnlich ist, ist es nach Anlassen auf Temperaturen oberhalb von 300 °C in der Regel nicht möglich zu unterscheiden, ob es sich um angelassenen Martensit oder Bainit handelt. In beiden Fällen liegen die Carbide an den Rändern der Ferrit-Lanzetten, wie ein Vergleich der Bilder 79a mit 90c sowie 79a und 79b mit 91c zeigt. Angelassener Martensit verhält sich beim Ätzen wie Bainit. Bei gleicher Ätzung und Vergrößerung

Bei der Umwandlung entstehende Gefüge 75

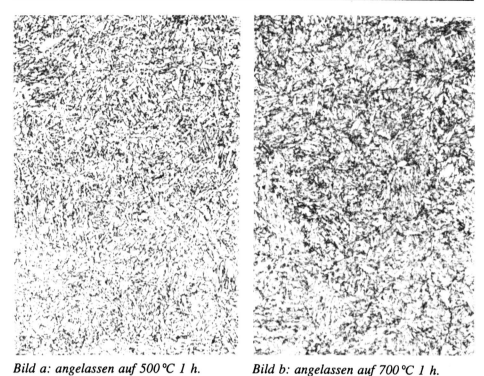

Bild a: angelassen auf 500 °C 1 h.

Bild b: angelassen auf 700 °C 1 h.

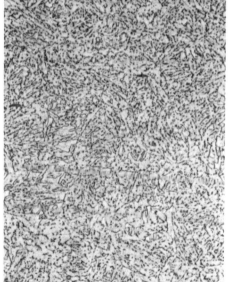

Bild 79: ———— 20 μm
Gefügeausbildung von angelassenem Martensit. Stahl Ck 45. Wärmebehandlung: 900 °C 15 min / Wasser. Ausgangsgefüge des Martensits vgl. Bild 64.

Bild c: angelassen auf 720 °C 8 h.

ist es daher praktisch unmöglich, bei Gefügen entsprechend den Bildern 79 zu erkennen, ob es sich um angelassenen Martensit, Bainit oder angelassenen Bainit handelt. Elektronenoptische Aufnahmen der Carbidausscheidungen in angelassenem Martensit sind in den Tafeln 337 - 346 des De Ferri Metallographia II wiedergegeben.

7.2   Gefüge und mechanische Eigenschaften

Durch die Ausbildung der Gefüge sind alle Eigenschaften eines Werkstoffs eindeutig gegeben. Die Auswirkungen der Gefüge sind jedoch sehr komplex und können selbst für die mechanischen Eigenschaften im Rahmen dieses Buches nicht vollständig beschrieben werden, für Einzelheiten muß auf andere Stellen verwiesen werden [Dahl 1984, Hougardy 1984]. Es soll vielmehr der Versuch gemacht werden, einige wichtige Einflußgrößen so weit zu kennzeichnen, daß eine erste Beurteilung der Gefüge hinsichtlich ihrer Eigenschaften möglich wird. Nur auf diese Weise läßt sich sinnvoll diskutieren, welche Gefüge bei der Umwandlung für eine bestimmte Kombination z.B. von Festigkeit und Zähigkeit anzustreben sind und welche nicht.

Im folgenden soll als Beispiel für „Festigkeit" die Streckgrenze - gemessen als 0,2-%-Dehngrenze - und als Beispiel für die Zähigkeit die Kerbschlagarbeit gewählt werden. Andere Maße für die Festigkeit und Zähigkeit wie Zugfestigkeit oder Bruchdehnung im Zugversuch oder Werte der Bruchmechanik ergeben vergleichbare Abhängigkeiten, quantitativ jedoch andere Zahlenwerte.

In realen Werkstoffen ist das Gitter nicht so ideal wie in Abschnitt 2.2 dargestellt. Es enthält Versetzungen. Die in _Bild 80_ dargestellte Stufenversetzung bildet im oberen Teil des Kristalls eine Gitterebene mehr als im unteren. Dadurch wird das Gitter verzerrt. Diese Versetzungen führen dazu, daß ein Kristallgitter sich leicht verformen kann. Durch Schubspannungen soll versucht werden, den Körper in _Bild 81_ zu verformen. Der Körper reagiert zunächst elastisch. Wird die Spannung zu groß, verschieben sich die Atome auf einer Gitterebene, beginnend an der linken Kante, Bild 81b. Dadurch entsteht ein gestörter Kristall. Im oberen Teil von Bild 81b liegt eine Gitterebene mehr als im unteren Teil. Es ist eine Versetzung entstanden, vgl. Bild 80.

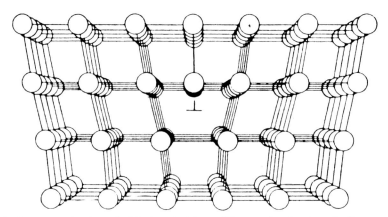

Bild 80: Verzerrung eines kubisch-primitiven Gitters durch eine Stufenversetzung. Blick in Richtung der Versetzungslinie. [Lücke 1983]

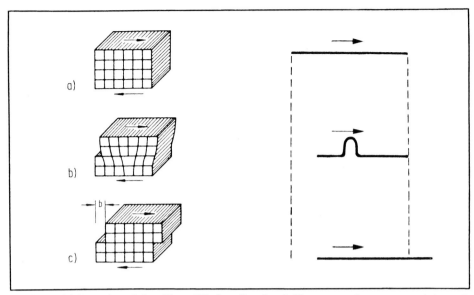

Bild 81: *Gleiten eines kristallinen Werkstoffes durch Versetzungsbewegung. a) Angreifen von Schubspannungen. b) Unter den Schubspannungen hat sich eine Versetzung gebildet, die von links nach rechts durchläuft. Links ist bereits eine Gleitstufe entstanden. c) Die Versetzung ist durchgelaufen, an beiden Seiten sind Gleitstufen entstanden. Das Gitter ist wieder ungestört. Im rechten Teilbild sind diese Vorgänge dargestellt an der Verschiebung eines Teppichs nach rechts durch Bilden einer Schlaufe und Durchschieben dieser Schlaufe. [Lücke 1983]*

Sie wandert, den Schubspannungen folgend, von links nach rechts durch den Kristall, bis sie an der anderen Seite austritt, die Gitterebene ist um einen Atomabstand b abgeglitten, Bild 81c. Bei weiterem Anliegen einer Schubspannung würde eine weitere Versetzung gebildet und durchlaufen. Dieser Vorgang entspricht der Verschiebung eines Teppichs, rechtes Teilbild 81, dadurch, daß man eine Schlaufe bildet und diese von links nach rechts verschiebt. Bei dieser Art der Verschiebung ist die aufzubringende Kraft erheblich geringer, als wenn man den Teppich unmittelbar in voller Länge nach rechts ziehen würde. So sind auch im Eisenkristall die für eine Gleitung über Versetzungen erforderlichen Schubspannungen mit rd. 200 N/mm^2 für Eisen erheblich geringer, als wenn man alle Atome gleichzeitig verschiebt. Hierfür wäre eine berechnete Schubspannung von rd. 30000 N/mm^2 erforderlich. Die Spannung, bei welcher die Bewegung der Versetzungen, eine plastische Verformung, einsetzt, wird als Fließspannung bezeichnet. Für technische Angaben wählt man die Streckgrenze. Sie liegt z.B. bei Tiefziehstählen bei rd. 190 N/mm^2. Auf weitere Arten von Versetzungen soll hier nicht eingegangen werden. In Stählen liegt nach langsamer Abkühlung die Dichte der Versetzungen bei rd. 10^8/cm^2. Bei Überschreiten der Fließgrenze ist es daher in der Regel nicht erforderlich, neue Versetzungen zu bilden, vielmehr beginnen vorhandene Versetzungen entsprechend Bild 81b zu laufen.

Werden die Versetzungen an ihrer Bewegung behindert, kann die in Bild 81 angegebene Art der Verformung nicht ablaufen, der Kristall verformt sich nicht plastisch, sondern bleibt elastisch. Übersteigt die angelegte Schubspannung den Wert, der ausreicht, den Kristall entlang einer Ebene zu spalten, entsteht ein Spaltbruch. Dies bedeutet, daß Atomebenen getrennt werden und sich so ein Riß bildet, der ohne plastische Verformung durchläuft. Wird diese Spaltbruchspannung erreicht, bricht eine Probe spröde. Dies kann z.B. bei sehr tiefen Temperaturen auftreten, bei denen die Versetzungen in ihrer Bewegung sehr stark behindert sind.

Versetzungsbewegungen können durch vier Mechanismen behindert werden, die in *Tafel 6* zusammengestellt sind. Die Mischkristallverfestigung entsteht dadurch, daß die eingelagerten Atome im Gegensatz zu der vereinfachenden Darstellung in Bild 7 stets einen anderen „Durchmesser" als das Eisenatom haben und daher das Gitter in ihrer Umgebung verzerren. Dies führt zu einer Erschwerung der Versetzungsbewegung. Eingelagerte Teilchen sowie andere Versetzungen bilden dadurch Hindernisse, daß sie von den laufenden Versetzungen umgangen werden müssen. Betrachtet man die Vorgänge bei der Versetzungsbewegung genauer, so ergibt sich, daß während einer plastischen Verformung laufend neue Versetzungen entstehen, die sich gegenseitig in ihrer Bewegung behindern. Dies bedeutet, daß für eine weitere plastische Verformung zunehmend höhere Spannungen erforderlich sind, der Werkstoff wird verfestigt. In der praktischen Erfahrung ist dies bekannt von dem Hin- und Herbiegen weicher Drähte, die durch dieses Biegen immer steifer werden und schließlich brechen. An Korngrenzen ändert sich die Ausrichtung des Atomgitters, so daß die Gleitebene sich in bezug auf die angelegte Zugspannung ändert und damit die Versetzung nicht ohne weiteres von einem Kristall in den anderen hinüberlaufen kann. Aus den in Tafel 6 ebenfalls angegebenen Gleichungen und den Bereichen, in denen die jeweilige Einflußgröße unter technischen Bedingungen geändert werden kann, ergeben sich die möglichen Anhebungen der Streckgrenze. Nutzt man alle Möglichkeiten aus, ergibt

Tafel 6: Verfestigungsmechanismen metallischer Werkstoffe
Die in Spalte 3 angegebenen Werte bezeichnen die Größenordnung der Fließgrenzenerhöhung gegenüber reinem Eisen mit einem mittleren Korndurchmesser von $\overline{L} = 100 \ \mu m$.
D: Abstand der Teilchen
ρ: Versetzungsdichte
$\frac{\Delta a}{\Delta c}$: Änderung der Gitterkonstante a mit der Legierungskonzentration c
d: Teilchendurchmesser

Mechanismus der Verfestigung	Gleichung für Erhöhung der Fließspannung $\Delta\sigma$	Unter technischen Bedingungen erreichbare Höchstwerte in N/mm²
Mischkristall	$\Delta\sigma \approx \frac{\Delta a}{\Delta c}$	400
Teilchen	$\Delta\sigma \approx \frac{1}{D}$	3000
Versetzungen	$\Delta\sigma \approx \sqrt{\rho}$	1500
Korngrenzen	$\Delta\sigma \approx \frac{1}{\sqrt{d}}$	200
Summe aller Effekte		5100

sich eine Streckgrenzenerhöhung von rd. 5100 N/mm². In Klaviersaitendrähten werden technisch 4000 N/mm², in Maraging-Stählen 3000 N/mm² erreicht. Daß die in Tafel 6 angegebenen Werte technisch nicht voll nutzbar sind, ergibt sich aus der Lage der Spaltbruchspannung. In _Bild 82_ ist die mikroskopische Spaltbruchspannung in Abhängigkeit von der Prüftemperatur aufgetragen. Man erkennt, daß die Fließgrenze mit abnehmender Prüftemperatur ansteigt und bei dem mit $T_{ü_0}$ bezeichneten Wert die Spaltbruchspannung erreicht. Dies bedeutet, daß bei Temperaturen $> T_{ü_0}$ nach Erreichen der Fließgrenze der Werkstoff durch plastische Verformung stark verfestigt werden muß, bevor die Spaltbruchspannung erreicht wird und ein spröder Bruch entsteht. Unterhalb der Übergangstemperatur $T_{ü_0}$ wird die Spaltbruchspannung vor der Fließgrenze erreicht, der Werkstoff bricht unmittelbar spröde, bevor Fließen einsetzt.

Aus Bild 82 ergibt sich, daß mit zunehmender Mischkristallverfestigung, Teilchenhärtung oder Versetzungsverfestigung (Kaltverformung) bei einer vorgegebenen Temperatur die Reserve an plastischer Verformbarkeit abnimmt, da sich der Schnittpunkt der Fließkurve mit der Spaltbruchspannung zu höheren Temperaturen $T_{ü_1}$ verschiebt.

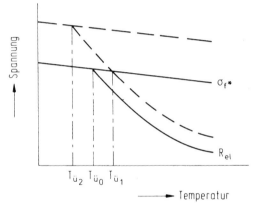

Bild 82: _Abhängigkeit der Fließgrenze_ R_{el} _und der Spaltbruchspannung_ σ_f* _unlegierter Stähle von der Temperatur. Gestrichelte Linie parallel_ R_{el}: _Anheben der Fließgrenze durch Verfestigung. Gestrichelte Linie parallel_ σ_f*: _Anheben der Spaltbruchspannung durch Kornfeinung. [Nach: Dahl 1984]_

Die Spaltbruchspannung ist im wesentlichen durch die Kristallstruktur und die chemische Zusammensetzung des Mischkristalls bestimmt. Liegen diese Werte fest, kann sie lediglich durch eine Verminderung der Korngröße des Ferrits zu höheren Werten verschoben werden, Bild 82. Hierdurch wird trotz einer Verfestigung, vgl. Tafel 6, die Übergangstemperatur auf einen Wert $T_{ü_2} < T_{ü_0}$ verschoben. Hierin liegt die Bedeutung des Bestrebens, die unlegierten Stähle mit einer möglichst geringen Ferritkorngröße herzustellen. Je geringer die Korngröße des Ferrits, desto höher liegt die Spaltbruchspannung, desto größer ist bei gegebener Verfestigung des Mischkristalls die Reserve für plastische Verformung.

Technische Bauwerke werden stets so ausgelegt, daß unter den absehbaren Belastungen die Fließgrenze niemals erreicht wird. Da in vielen Konstruktionen und Bauwerken die Belastungen aber nicht ausreichend genug bekannt sind, wird vielfach verlangt, daß bei unerwartetem Überschreiten der Fließgrenze der Werkstoff nicht spröde bricht, sondern durch plastische Verformungen nachgibt. Für diese Fälle muß sichergestellt sein, daß die Temperatur $T_ü$ unterhalb der Beanspruchungstemperatur liegt.

Neben der Korngröße gibt es noch eine zweite, wesentliche Möglichkeit, die plastische Verformung zu beeinflussen. In Bild 82 wurde unterstellt, daß die Fließgrenze in allen Bereichen des Werkstoffes gleich ist, d.h. die in Tafel 6 angegebenen Verfestigungsmechanismen in jedem Volumenelement die gleichen Auswirkungen haben. In diesem Fall wird sich der Körper bei dem Anlegen von Schubspannungen makroskopisch homogen verformen, _Bild 83b_, die Versetzungen laufen auf sehr vielen günstig liegenden Gleitebenen. Sind aufgrund von Seigerungen oder ungleicher Gefügeausbildung die Fließgrenzen in einzelnen Volumenelementen des Körpers sehr unterschiedlich, so wird die plastische Verformung in den Zonen einsetzen, bei denen die Fließgrenze am niedrigsten liegt. Dies kann im Extremfall dazu führen, daß ein Körper nur auf einer Gleitebene plastisch verformt wird, Bild 83c. In diesem Fall wird die gesamte Verformung von einer Gleitebene getragen. Da aber innerhalb eines polykristallinen Werkstoffes eine Gleitebene lediglich eine begrenzte Verformungsfähigkeit hat, kommt es in diesem Fall sehr leicht zu Anrissen und als weitere Folge zu einem Bruch des Werkstoffes. In Ergänzung zu den zu Bild 82 gemachten Aussagen muß man daher fordern, daß zum Erreichen einer optimalen Zähigkeit bei einer gegebenen Streckgrenze eine homogene Verfestigung unabdingbar ist. Im Falle einer Teilchenhärtung wird dies z.B. durch eine gleichmäßige Anordnung gleich großer Teilchen erreicht, wie sie u.a. durch Anlassen von Martensit erreichbar ist, Bild 79. Sehr ungünstig sind in dieser Betrachtungsweise ferritisch-perlitische Gefüge, Bild 59. In diesem Fall beginnt die plastische Verformung ausschließlich im Ferrit, während innerhalb des Perlits durch die harten Carbidlamellen eine Versetzungsbewegung weitgehend behindert wird. Auf die Besonderheiten von zeiligen, Dual-Phasen und Duplex-Gefügen kann hier nicht eingegangen werden [Pitsch und Sauthoff 1984].

Eine Beurteilung von unterschiedlichen Stählen und Gefügeausbildungen hinsichtlich ihrer Zähigkeit ist nach Bild 82 nur bei vergleichbarer Streckgrenze sinnvoll. Nach den obigen Ausführungen ist unter diesen Gesichtspunkten verständlich, daß bei Stählen die günstigste Kombination von Streckgrenze und Zähigkeit bei angelassenem Martensit, d.h. Vergütungsgefügen, erreicht wird. Sehr ungünstige Kombinationen haben ferritisch-perlitische Gefüge, Bild 59, sehr grober Perlit, Bild 54, sowie sehr grober Bainit, Bild 75. Für technische Anwendungen ergibt eine kritische Prüfung jedoch vielfach, daß bei vorgegebener Streckgrenze die mit Vergütungsgefügen er-

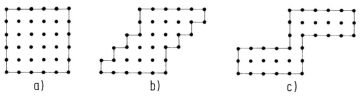

Bild 83: Vereinfachte Darstellung des Gleitens eines Körpers entsprechend Bild 81. a) Ausgangslage. b) Homogene, feine Gleitung: viele Gleitebenen wurden betätigt, es entstehen feine Gleitstufen. c) Inhomogene, grobe Gleitung. Es wurde nur eine Gleitebene betätigt, es entsteht eine grobe Gleitstufe. [Nach: Lücke 1983]

reichbaren, sehr hohen Zähigkeitswerte nicht erforderlich, sondern die mit ferritisch-perlitischen Gefügen zu erzielenden Zähigkeiten völlig ausreichend sind. Ferritisch-perlitische Gefüge können durch kontinuierliche Abkühlung, vgl. Abschnitt 7.3.2, sehr viel kostengünstiger erzeugt werden als Vergütungsgefüge, die ein Härten und Anlassen erfordern, vgl. Abschnitt 8.3.2.

7.3 Die Umwandlung untereutektoidischer Stähle

7.3.1 Die isothermische Umwandlung

Bei isothermischer Umwandlung wird nach dem Austenitisieren so schnell wie möglich auf die gewünschte Umwandlungstemperatur abgekühlt (im Idealfall unendlich schnell) und anschließend eine vorgegebene Zeitdauer gehalten. Durch Abschrecken von Proben nach unterschiedlichen Haltedauern oder kontinuierliche Messung der Änderung physikalischer Eigenschaften kann der Verlauf der Umwandlung des Austenits verfolgt werden. Bei der Aufstellung eines ZTU-Schaubildes für isothermische Umwandlung werden für jede Umwandlungstemperatur zunächst die Zeiten gemessen, bei denen erstmals 1 Vol.-% des Austenits umgewandelt ist. Diese Punkte werden als Beginn der Umwandlung eingetragen. In *Bild 84* sind sie durch Kreise gekennzeichnet. Die Symbole innerhalb der Kreise geben an, welches Gefüge als erstes entsteht. Im Temperaturbereich zwischen 740 °C und 500 °C sowie zwischen 500 °C und 470 °C gibt es zeitlich aufeinanderfolgend mehrmals den Beginn einer Teilumwandlung: Bei 550 °C ist nach 1 Sekunde 1 Vol.-% Ferrit entstanden, nach 1,6 Sekunden ist 1 Vol.-% Perlit entstanden. Als weitere Beschreibung des Umwandlungsablaufes wird die Zeit ermittelt, bei der lediglich noch 1 Vol.-% Austenit vorliegt, d.h. 99 Vol.-% des Austenits umgewandelt sind. Diese Zeitpunkte sind in Bild 84 durch Quadrate bezeichnet. Verbindet man gleiche Symbole durch Linien, so entsteht das ZTU-Schaubild für isothermische Umwandlung, Bild 84. Es ist zu beachten, daß die Mengenanteile in ZTU-Schaubildern stets Volumenanteile sind, weil die Auswertung der Gefügeanteile in Schliffen diese Dimension ergibt. So ist über die Punktanalyse nach der ISO-Norm 9042 der Flächenanteil und damit der Volumenanteil von Phasen oder Gefügebestandteilen in einer Probe innerhalb von wenigen Minuten zu ermitteln. Bei der Berechnung von Phasenanteilen aus den Zustandsschaubildern ergeben sich dagegen stets Massenanteile, vgl. Abschnitt 3.2.

Die jeweils gebildete Menge an Martensit ist ausschließlich abhängig von der erreichten Temperatur (vgl. Bild 70), dagegen praktisch unabhängig von der Haltedauer. Aus diesem Grunde gibt es lediglich eine bei konstanter Temperatur M_s eingetragene Linie, bei deren Unterschreiten die Martensitbildung beginnt. Die Linie für 99 % Martensit ist nur schwer zu messen und wird daher im allgemeinen in den ZTU-Schaubildern nicht angegeben.

Bild 85 zeigt als Beispiel für die diffusionsgesteuerte Umwandlung die Bildung des Bainits in Abhängigkeit von der Zeit für eine Umwandlungstemperatur von 400 °C. Die größte Bildungsgeschwindigkeit liegt etwa in der Mitte der gesamten Umwandlungsdauer. Beginn und Ende der Umwandlung verlaufen sehr flach, so daß die Zeiten für 0 Vol.-% und 100 Vol.-% umgewandelte Menge nur mit erheblich größeren Unsicherheiten ermittelt werden könnten als die vereinbarten Werte für 1 Vol.-% und 99 Vol.-%. Die Bildung von Ferrit (und auch die von Carbid in übereutektoidischen Stählen) sowie von Perlit folgen bei isothermischer Umwandlung dem gleichen Zeit-

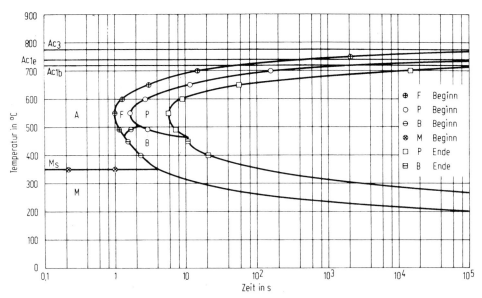

Bild 84: Schematische Darstellung des Ablaufes der Umwandlung in einem untereutektoidischen Stahl während einer isothermischen Temperatur-Zeit-Führung in einem Zeit-Temperatur-Umwandlungs(ZTU)-Schaubild

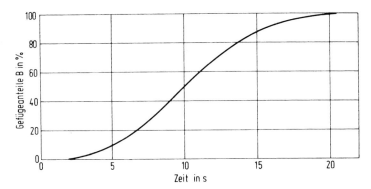

Bild 85: Zeitlicher Ablauf der Bildung von Bainit - angegeben als Volumen-% - für eine Umwandlungstemperatur von 400°C. Die angenommenen Werte entsprechen denen des Bildes 84

gesetz. Die Linie für 1 Vol.-% Ferrit läuft asymptotisch, d.h. bei unendlich langen Haltedauern gegen die Ac_3-Temperatur, die Linie für 1 Vol.-% Perlit gegen die Temperatur Ac_{1e}, die Linie für 99 Vol.-% Umwandlung gegen Ac_{1b}, vgl. Bild 84, vgl. hierzu Abschnitt 7.6, Bild 115. Da sich die Zeiten für Beginn und Ende der Umwandlung je nach Temperatur um Größenordnungen unterscheiden, wählt man für die Darstellung einen logarithmischen Zeitmaßstab.

Bei 750°C beginnt nach Bild 84 die Umwandlung nach 2000 s mit der voreutektoidischen Ferrit-Ausscheidung auf den Austenitkorngrenzen. Da diese Temperatur oberhalb von Ac_{1e} liegt, läuft auch bei langen Haltedauern keine weitere Umwandlung ab.

Bei 700 °C beginnt die Umwandlung nach 15 s mit der Ausscheidung von voreutektoidischem Ferrit, nach 150 s setzt die Bildung von Perlit ein, es ist gerade 1 Vol.-% gebildet. Nach $1,5 \cdot 10^4$ s sind 99 Vol.-% des Austenits umgewandelt. Bei einer Umwandlung bei 600 °C sind die entsprechenden Zeiten 1,2 s für den Beginn der Umwandlung zu Ferrit, 2,3 s für den Beginn der Perlit-Bildung und 9 s für das Ende der Umwandlung. Bei 490 °C beginnt die Ferritbildung nach 1,2 s, nach 1,8 s setzt die Bildung von Bainit ein, nach 2,1 s die Bildung von Perlit. Nach 8 s ist die Umwandlung beendet. Bei 400 °C ist nach 2,1 s 1 Vol.-% Bainit gebildet, nach 20 s ist die Umwandlung beendet. Bei 300 °C ist eine nicht angegebene Menge an Martensit bereits mit Erreichen der Temperatur entstanden, nach 15 s beginnt die Bildung von Bainit, nach 2400 s ist die Umwandlung abgeschlossen, der Volumenanteil an Martensit hat sich mit der Zeit nicht geändert.

In _Bild 86_ ist das ZTU-Schaubild für isothermische Umwandlung eines Stahles Ck 45 abgebildet. In dieses Bild sind zusätzlich Linien für 25 %, 50 % und 75 % umgewandelte Anteile sowohl für Ferrit, Perlit und Bainit als auch für Martensit eingetragen. Aus den Linien für gleiche Martensitgehalte geht entsprechend Bild 70 hervor, daß die größte Martensitmenge bei Temperaturen kurz unter M_s entsteht. Der Umwandlungsablauf nach Bild 85 ist in Bild 86 an der Lage der Linien gleicher umgewandelter Mengen in der Bainitstufe ebenfalls zu erkennen, wobei zu beachten ist, daß die Zeit in dieser Darstellung logarithmisch aufgetragen ist. In der Perlitstufe geben die Linien die Volumenanteile an Ferrit **und** Perlit an. Diese Änderung der Volumenanteile der Gefüge mit der Zeit kommt vor allem in dem _Farbbild 87_ zum Ausdruck. In Bild 86 sind an der rechten Seite zusätzlich die bei den jeweiligen Temperaturen nach

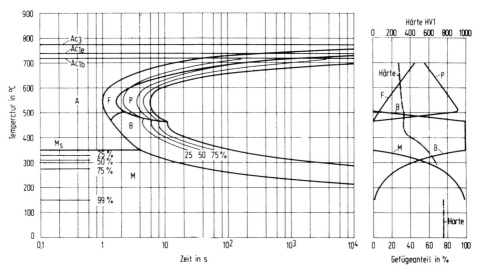

Bild 86: ZTU-Schaubild für isothermische Umwandlung eines Stahles Ck 45. Austenitisierung 850 °C 15 min. An der rechten Seite ist die Änderung der Gefügeanteile in Vol.-% mit der Umwandlungstemperatur nach vollständiger Umwandlung angegeben. Zwischen 210 °C und 290 °C sind hierfür Haltedauern erforderlich, die größer als 10^4 s sind. Die Härten sind Werte bei Raumtemperatur. Da die zwischen 150 °C und 290 °C bis 10^4 s entstandenen Gefüge nicht ohne weitere Umwandlung auf Raumtemperatur abgekühlt werden können, sind in diesem Temperaturbereich keine Härtewerte angegeben

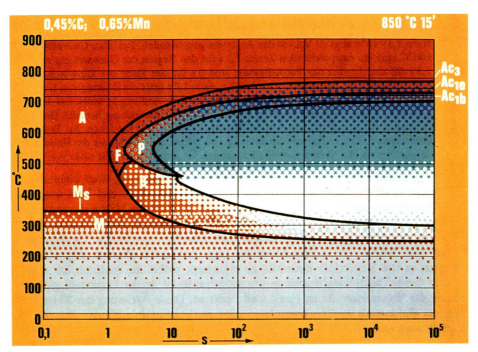

Bild 87: *Farbliche Darstellung des ZTU-Schaubildes nach Bild 86. Rot: Austenit, blau: Ferrit, grün: Zementit, blaugrün: Perlit, hellblau: Bainit, blauviolett: Martensit*

vollständiger Umwandlung vorliegenden Gefügeanteile eingetragen. Diese Angaben entsprechen den Farben in Bild 87 rechts von der Linie für 99 Vol.-% Umwandlungsgefüge; Gefügeanteile unter 1 Vol.-% werden nicht berücksichtigt. Aus dem Farbbild geht noch eindrucksvoller als aus Bild 86 der mit sinkender Temperatur schnelle Übergang von den ferritisch-perlitischen zu den bainitischen Gefügen im Temperaturbereich um 500 °C hervor. Beide Darstellungen zeigen, daß im Bereich der Perlitstufe das Mengenverhältnis von Ferrit und Perlit mit sinkender Bildungstemperatur in Richtung auf zunehmende Perlitmengen verschoben wird, vgl. *Bild 88*. Die unterschiedlichen Volumenanteile an Ferrit und Perlit entstehen dadurch, daß innerhalb des Perlits bei niedrigen Temperaturen das Verhältnis der Breite der Ferritlamellen zu der Breite der Zementitlamellen zunimmt. Insgesamt werden die Lamellen mit abnehmender Bildungstemperatur des Perlits schmaler. Bei 500 °C hat der Perlit nahezu den Kohlenstoffgehalt des Stahles, was sehr viel weniger ist als nach dem Gleichgewicht zu erwarten.

Nach Bild 86 beginnt bei 700 °C, d.h. kurz unter Ac_{1b}, die Umwandlung nach einer Haltedauer von 15 s mit der Ausscheidung von voreutektoidischem Ferrit. Nach einer Haltedauer von 200 s beginnt zusätzlich die Bildung von Perlit, nach einer Haltedauer von etwas mehr als 10^4 s ist die Umwandlung beendet, es liegt weniger als 1 Vol.-% Austenit noch vor. Nach diesem Ende der Umwandlung sind 45 Vol.-% Ferrit und 55 Vol.-% Perlit entstanden. Die Härte bei Raumtemperatur beträgt 275 HV 1. Bei einer Umwandlungstemperatur von 650 °C beginnt die voreutektoidische Ferritausscheidung nach einer Haltedauer von 3 s, die Perlitbildung folgt nach einer Haltedauer von 12 s,

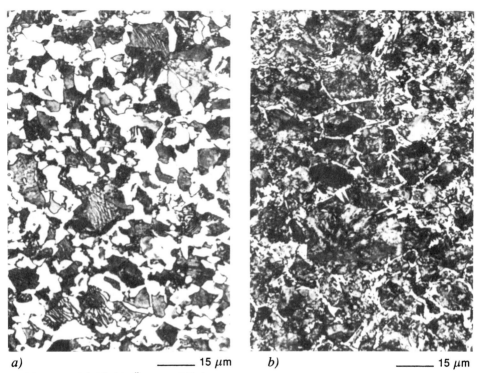

a) ———— 15 μm   b) ———— 15 μm

<u>Bild 88:</u> Stahl Ck 45. Ätzung: Pikrinsäure
a) Wärmebehandlung: 880 °C 5 min / 650 °C 240 s / Wasser. Ferrit (weiße Fläche) und Perlit. Vereinzelt können innerhalb des Perlits die Carbid- und Ferritlamellen noch erkannt werden; meist ist die Lamellenstruktur des Perlits nicht auflösbar. Er erscheint daher dunkel.
b) Wärmebehandlung: 880 °C 5 min / 550 °C 240 s / Wasser. Ferrit (weiß) und Perlit, der so fein ist, daß er in der Lamellenstruktur nicht erkennbar ist

nach 80 s ist die Umwandlung beendet; es sind 35 Vol.-% Ferrit und 65 Vol.-% Perlit entstanden, vgl. Bild 88a. Die Absenkung der Umwandlungstemperatur um 50 °C von 700 °C auf 650 °C hat das Ende der Umwandlung um zwei Zehnerpotenzen beschleunigt.

Der Perlit ist nach einer Umwandlung bei 650 °C so feinlamellar, daß lediglich an einzelnen Stellen noch andeutungsweise Lamellen zu erkennen sind. Nach einer Umwandlung bei 550 °C dagegen ist die Lamellenstruktur lichtoptisch nicht mehr zu erkennen, Bild 88b.

Bei 550 °C beginnt nach Bild 86 die Umwandlung nach 1 s mit der Ferritbildung, nach 1,6 s ist 1 Vol.-% Perlit entstanden. Nach 6 s liegen 15 Vol.-% Ferrit und 85 Vol.-% Perlit vor, Bild 88b. Bei einer Umwandlungstemperatur von 500 °C beginnt die voreutektoidische Ferritausscheidung bei 1,2 s, bei 2 s setzt die Bildung von Bainit ein, gefolgt von der Perlitbildung nach 2,5 s. Nach 7 s ist die Umwandlung beendet. Es sind 5 Vol.-% Ferrit, 15 Vol.-% Bainit und 80 Vol.-% Perlit entstanden. Die Härte bei Raumtemperatur beträgt 320 HV 1.

Bei 400 °C beginnt die Umwandlung nach 2,2 s mit der Bildung von Bainit. Nach Bild 85 sind nach 6 s 8 Vol.-% Bainit entstanden. Schreckt man nach dieser Haltedauer eine Probe in Wasser ab, wird die weitere Bildung des Bainits unterbrochen, der noch vorhandene Austenit wandelt mit Unterschreiten von M_s in Martensit um, vgl. auch Bild 91. Nach einer Haltedauer von 8 s sind 40 Vol.-% Bainit entstanden, Bild 85, nach 20 s ist die Umwandlung vollständig, Bilder 85 und 86. Die Gefügeausbildung nach einer Umwandlung bei 370 °C ist in Bild 76 wiedergegeben. Der bei tiefen Temperaturen gebildete Bainit färbt sich beim Ätzen sehr viel dunkler als bei hohen Temperaturen gebildeter. Beim Ätzen mit HNO_3 bleiben vielfach helle Bereiche bestehen, die Martensit vortäuschen. Dieser Effekt verschwindet, wenn man mit Pikrinsäure ätzt. Wird nach der Austenitisierung auf 300 °C abgeschreckt, so sind mit Erreichen dieser Temperatur 55 Vol.-% Martensit entstanden. Dieser Mengenanteil ändert sich **nicht** mit der Zeit. Erst nach einer Haltedauer von 16 s setzt zusätzlich die Bildung von Bainit ein, nach der langen Haltedauer von $3 \cdot 10^3$ s ist die Umwandlung abgeschlossen, es sind 55 Vol.-% Martensit und 45 Vol.-% Bainit entstanden.

Bei 250 °C wird auch nach 10^4 s das Ende der Bainitumwandlung nicht erreicht. Da das rechte Teilbild die Zustände bei der Umwandlungstemperatur angibt, sind die Mengenanteile von Martensit und Bainit zwischen 290 °C und 150 °C die nach unendlich langer Haltedauer zu erwartenden. Wird nach endlichen Haltedauern durch Abkühlen auf Raumtemperatur die Umwandlung in diesem Temperaturbereich abgebrochen, wandelt der noch vorliegende Austenit in Martensit um. Nach dem Abschrecken auf 200 °C z. B. liegen 95 Vol.-% Martensit vor. Bei technisch sinnvollen Haltedauern entstehen keine weiteren Gefüge. Dies bedeutet, daß die noch vorliegenden 5 Vol.-% Austenit bei der endgültigen Abkühlung auf Raumtemperatur zusätzlich noch in Martensit umwandeln. Die Härte bei Raumtemperatur nach vollständiger Umwandlung ist in diesem Temperaturbereich wegen der erforderlichen langen Haltedauern nicht meßbar und daher in Bild 86 nicht eingetragen. Die Lage der Umwandlungslinien, vor allem auch die Temperaturen für den Beginn der Ferrit- und Martensitbildung, sind sehr stark abhängig von dem Legierungsgehalt der Stähle. Hierauf wird im Zusammenhang mit der Besprechung der ZTU-Schaubilder für kontinuierliche Abkühlung näher eingegangen.

Ein Vergleich der Bilder 88a und 88b zeigt, daß mit abnehmender Bildungstemperatur die Lamellenabstände des Perlits abnehmen, der Anteil an voreutektoidischem Ferrit wird geringer, Bilder 86 und 89. Im Bainit nehmen mit abnehmender Bildungstemperatur die Abstände zwischen den Carbiden ab (vgl. Bilder 75 und 76). Zusätzlich nimmt mit abnehmender Bildungstemperatur die Korngröße des Ferrits, d.h. die Lamellenbreite und -länge im Perlit und die Lanzettbreite und -länge im Bainit, ab (Pitsch und Hougardy 1984). Bei gleicher Temperatur gebildeter Bainit ist jedoch sehr viel gröber als Perlit. In *Bild 89* ist das ZTU-Schaubild für isothermische Umwandlung eines Stahles 41 Cr 4 wiedergegeben. Nach einer vollständigen Umwandlung bei 620 °C sind Ferrit auf den ehemaligen Austenitkorngrenzen und sehr feinstreifiger Perlit entstanden, *Bild 90 a*. Die Umwandlung bei 515 °C ergibt sehr groben Bainit neben sehr feinem Perlit, Bild 90 b. Damit der Bainit erkennbar wird, muß so stark geätzt werden, daß der Perlit als schwarze Fläche erscheint. Die grauen Punkte und Striche im Bainit sind die in dem weißen Ferrit liegenden Carbide. Bei 400 °C entsteht sehr feiner Bainit, der lichtoptisch nicht mehr auflösbar ist, Bild 90 c. In *Bild 91* ist der zeitliche Ablauf der Bildung des Bainits in drei Schritten wiedergegeben. Aus derartigen Gefügeänderungen mit der Zeit läßt sich z. B. eine Kurve ableiten, wie sie in Bild 85 für den Stahl Ck 45 dargestellt ist. Die Ätzdauer wurde so gewählt, daß die Struktur des Bainits gut erkennbar ist. Der Martensit er-

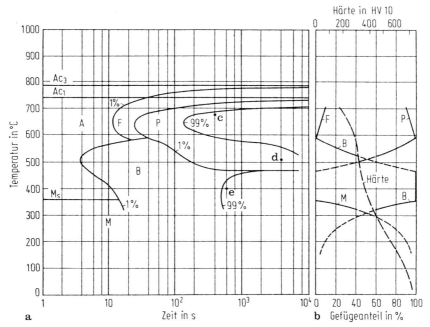

Bild 89: *ZTU-Schaubild für isothermische Umwandlung eines Stahles 41 Cr 4. Darstellung vergleichbar mit Bild 86. [Hougardy 1/1984]*

scheint als weiße Fläche. Würde man so lange ätzen, daß die Struktur des Martensits erkennbar ist, würde der Bainit lediglich als einheitlich schwarze Fläche erscheinen. Dennoch sollten derartige Ätzungen im Laufe der Präparation gemacht werden, damit sichergestellt ist, daß die in Bild 91a und 91b weiß erscheinenden Flächen tatsächlich Martensit sind.

Innerhalb der Gefüge der Perlit- und der Bainitstufe ist die Streckgrenze bei Raumtemperatur um so höher, je feiner die Gefügeausbildung ist, d.h. je niedriger die Bildungstemperatur war. Dies deutet bereits der Verlauf der Härte in den Bildern 86 und 89 an. Im oberen Temperaturbereich der Bainitstufe, vgl. Bild 51, entstandener Bainit ist im allgemeinen gröber und hat eine geringere Streckgrenze als im unteren Bereich der Perlitstufe entstandener Perlit. Würde man die in Bild 90 gezeigten Gefüge durch Anlassen auf gleiche Streckgrenze bringen - nur unter dieser Bedingung ist ein Vergleich von Zähigkeiten sinnvoll - hätte der bei tiefen Temperaturen gebildete Bainit die beste Zähigkeit, gefolgt von dem bei 515 °C gebildeten Ferrit-Perlit. Die ungünstigste Zähigkeit hätte das sehr inhomogene Gefüge aus Perlit und grobem Bainit. Für die Beurteilung der Zähigkeit ist zusätzlich die bei der Beanspruchungstemperatur, d.h. bei unlegierten Stählen bei Raumtemperatur, vorliegende Korngröße des Umwandlungsgefüges maßgebend: beim Martensit die Plattengröße, beim Bainit die Lanzettbreite und -länge, beim Perlit der Lamellenabstand sowie die Lamellendicke und -länge; Werte, die in der Regel nur mit Elektronenmikroskopen meßbar sind. Diese Korngröße des Umwandlungsgefüges kann nach dem oben Gesagten durch eine niedrige Umwandlungstemperatur klein gehalten werden. Eine kleine Korngröße des Austenits begrenzt die größte Länge der Martensitplatten, Bild 69, und die größte Länge der Bainit-Lanzetten, Bild 90 b. Gelingt es jedoch, Ferrit, Perlit und

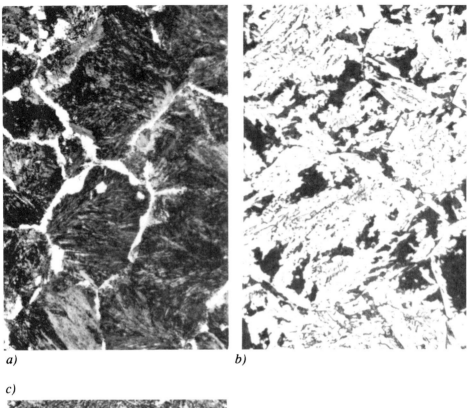

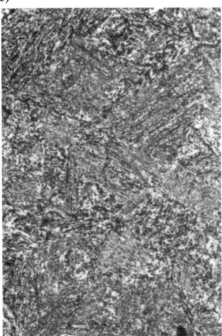

Bild 90: ——— 10 μm
Gefügeausbildung eines Stahles 41 Cr 4 nach isothermischer Umwandlung. Austenitisierung: 840 °C 15 min. **a)** 620 °C 430 s / Wasser (Punkt c in Bild 89): Ferrit auf den ehemaligen Austenitkorngrenzen (weiß) und Perlit, dessen Lamellenstruktur nicht mehr auflösbar ist. **b)** 515 °C 4000 s / Wasser (Punkt d in Bild 89). Perlit (schwarz), Bainit (helle Flächen mit eingeschlossenen dunkelgrauen Carbiden) und Martensit (bei dieser Vergrößerung von den Carbiden nicht unterscheidbar). Die Umwandlung war nach dem ZTU-Schaubild, Bild 89, noch nicht abgeschlossen. **c)** 397 °C 570 s (Punkt e in Bild 89) Bainit. Ätzung aller Proben: Salpetersäure
[Hougardy 1/1984]

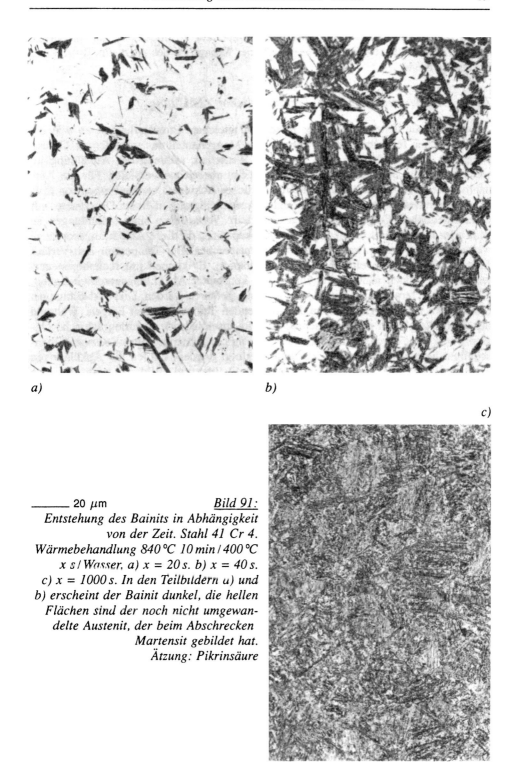

a)   b)   c)

―――― 20 μm   Bild 91:
Entstehung des Bainits in Abhängigkeit von der Zeit. Stahl 41 Cr 4. Wärmebehandlung 840 °C 10 min / 400 °C x s / Wasser. a) x = 20 s. b) x = 40 s. c) x = 1000 s. In den Teilbildern a) und b) erscheint der Bainit dunkel, die hellen Flächen sind der noch nicht umgewandelte Austenit, der beim Abschrecken Martensit gebildet hat.
Ätzung: Pikrinsäure

Bainit bei der jeweils niedrigstmöglichen Temperatur zu bilden, ist die Korngröße des Umwandlungsgefüges unabhängig von der Korngröße des Austenits [Pitsch und Hougardy 1984].

7.3.2 Die Umwandlung bei kontinuierlicher Abkühlung

Bei kontinuierlicher Abkühlung laufen die gleichen Umwandlungen ab wie bei isothermischer Temperatur-Zeit-Führung. Der Mengenanteil der entstehenden Gefüge ist jedoch davon abhängig, wie lange das Werkstück während der Abkühlung jeweils in den in Bild 51 angedeuteten Temperaturbereichen verbleibt. Für die Aufnahme eines ZTU-Schaubildes für kontinuierliches Abkühlen werden Proben von etwa 5 mm Durchmesser nach einer festgelegten Austenitisierung in einem Dilatometer mit unterschiedlichen Geschwindigkeiten abgekühlt. Vorzuziehen sind Abkühlungen an Luft oder in Öfen unterschiedlicher Wärmekapazität, da diese Abkühlungsvorgänge weitgehend den in der Praxis auftretenden entsprechen. Der Temperatur-Zeit-Verlauf folgt in diesen Fällen einer Exponential-Funktion. Es können mit rechnergesteuerten Geräten jedoch auch Abkühlungen mit konstanter Abkühlungsgeschwindigkeit, d.h. linearem Temperatur-Zeit-Zusammenhang, gefahren werden. Diese Abkühlungen entsprechen nicht den in der Praxis auftretenden Temperatur-Zeit-Folgen. Während der Abkühlung kann durch Abschrecken und anschließende metallographische Untersuchung oder durch kontinuierliche Messung der Änderung physikalischer Eigenschaften die Umwandlung des Austenits verfolgt werden. Laufen die Abkühlungen so schnell, daß die Verweildauer in der Perlitstufe (vgl. Bild 51) nicht für eine vollständige Umwandlung ausreichend ist, entstehen zusätzlich Gefüge der Bainit- und Martensitstufe. Für die Darstellung werden die Temperatur-Zeit-Verläufe der

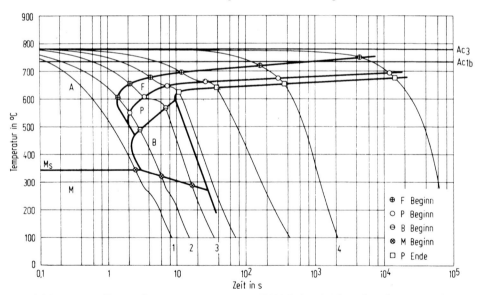

Bild 92: Darstellung der Messung eines ZTU-Schaubildes für kontinuierliches Abkühlen am Beispiel eines Stahles Ck 45. Einige Abkühlungskurven sind am unteren Ende mit den Nummern 1 bis 4 gekennzeichnet, Einzelheiten vgl. Text. F: Ferrit, P: Perlit, B: Bainit, M: Martensit, A: Austenit

Abkühlung der einzelnen Proben in logarithmischer Zeitdarstellung in einem Diagramm zusammengestellt, _Bild 92_. In ähnlicher Weise wie bei dem ZTU-Schaubild für isothermische Umwandlung werden auf den jeweiligen Abkühlungskurven die Temperaturen und Zeiten für den Beginn der Ferritbildung (⊕), den Beginn der Perlitbildung (O), den Beginn der Bainitbildung (⊖) und den Beginn der Martensitbildung (⊗) eingetragen. Ein Ende der Umwandlung wird lediglich für die Perlitstufe eingezeichnet, da in den meisten Fällen die Bainitbildung bis in die Martensitstufe verschleppt wird und ebenso wie bei den ZTU-Schaubildern für isothermische Umwandlung das Ende der Martensitbildung wegen der schwierigen Meßbarkeit nicht eingezeichnet wird. Als Beispiel für eine Messung ist in _Bild 93_ die Änderung der Länge während einer Abkühlung dargestellt, die derjenigen der ersten Abkühlungskurve in Bild 92 entspricht. Der Beginn der Martensitbildung ist an der Zunahme der Länge mit sinkender Temperatur zu erkennen. Die Temperatur für die erste Längenzunahme wird als M_s an der Abkühlungskurve eingetragen. Das Ende der Martensitbildung ist nur ungenau zu ermitteln, da die Kurve sehr flach in die Gerade der Längenänderung des Martensits mit der Temperatur übergeht. Die Steigung dieser Geraden ist geringer als die der Geraden für den Austenit zwischen M_s und 850 °C. Dies entspricht den unterschiedlichen Ausdehnungskoeffizienten des Ferrits und Austenits, vgl. Tafel 2. Das ZTU-Schaubild für kontinuierliches Abkühlen ist nur entlang der eingezeichneten Abkühlungskurven zu lesen.

Bei einer Abkühlung entlang Kurve 1 ist der Austenit bis zu einer Temperatur von 345 °C stabil. Unterhalb dieser Temperatur beginnt die Martensitbildung. Bei einer Abkühlung entsprechend Kurve 4 entsteht bei 720 °C zunächst Ferrit, bei Unterschreiten von 675 °C beginnt die Perlitbildung. Unterhalb von 650 °C ist die Umwandlung beendet.

Bei einer Abkühlung entsprechend Kurve 3 beginnt die Umwandlung bei 650 °C mit der Bildung von Ferrit, bei 605 °C beginnt die Perlitbildung, bei 565 °C schließt sich die Bainitbildung an, unterhalb von 290 °C folgt aus dem noch vorhandenen Austenit die Bildung von Martensit. Eine Abkühlung entsprechend Kurve 2 führt nach Erreichen von

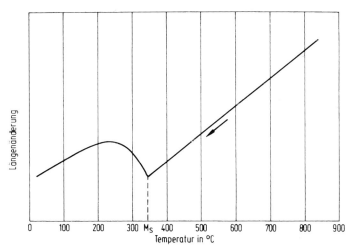

Bild 93: _Längenänderung einer Probe, die entsprechend Kurve 1, Bild 92, abgekühlt wurde. Der Austenit wandelt mit Unterschreiten von M_s um in Martensit_

605 °C zur Ferritbildung, gefolgt von der Perlitbildung unterhalb 550 °C und der Bainitbildung unterhalb von 490 °C. Die Umwandlung endet mit der Bildung von Martensit unterhalb von 320 °C.

In Bild 92 haben die Kurven 3 und einige weitere im Bereich der Perlitbildung einen verzögerten Verlauf der Abkühlung, der durch die bei der Perlitbildung freiwerdende Wärme bedingt ist. Ähnliche Effekte können im Bereich der Bainitstufe auftreten.

In *Bild 94* ist im linken Teilbild das ZTA-Schaubild für isothermisches Austenitisieren eines Stahles Ck 45 entsprechend Bild 37 wiedergegeben. Die weiß eingetragene Linie entspricht dem Temperatur-Zeit-Verlauf während der Erwärmung. Mit Einsetzen der Abkühlung nach einer Austenitisierdauer von 100 s beginnt mit einer neuen Zeitzählung die Darstellung der Umwandlung bei kontinuierlicher Abkühlung, wieder dargestellt durch die weißen Linien. In diesem Bild ist der Zusammenhang der üblicherweise getrennt dargestellten Austenitisierungs- und Umwandlungsvorgänge zu erkennen.

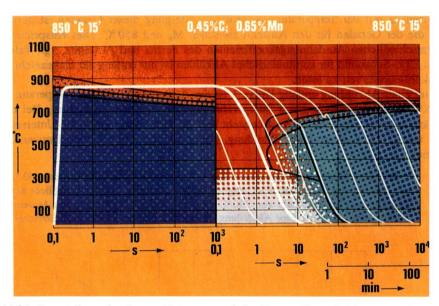

Bild 94: Darstellung der Austenitisierung und der Umwandlung bei kontinuierlichem Abkühlen für einen Stahl Ck 45. Das linke Teilbild stellt die Austenitisierung in Form eines ZTA-Schaubildes dar, wie es in Bild 37 wiedergegeben ist. Das rechte Teilbild ist das ZTU-Schaubild für kontinuierliches Abkühlen eines Stahles Ck 45 entsprechend Bild 92. Rot: Austenit, blau: Ferrit, grün: Zementit, blaugrün: Perlit, hellblau: Bainit, blauviolett: Martensit

In *Bild 95* ist das ZTU-Schaubild für kontinuierliches Abkühlen eines Stahles Ck 45 wiedergegeben. Unter dem Schaubild ist die Änderung der Gefügeanteile in Abhängigkeit von der Abkühlungsgeschwindigkeit eingetragen. In den Bildern 92 und 95 haben alle Abkühlungskurven einen exponentiellen Temperatur-Zeit-Verlauf. In diesem Fall kann die Abkühlung gekennzeichnet werden durch die Zeitdauer bis zu einer Abkühlung auf 500 °C. Als Ausgangstemperatur werden 800 °C oder die Temperatur gewählt, von der aus das Schaubild gezeichnet ist. Diese Abkühlungsdauer

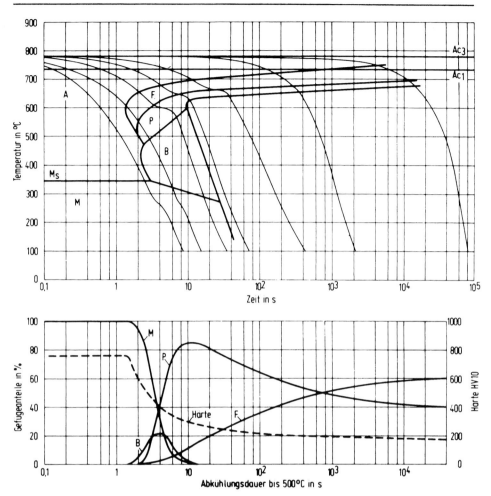

Bild 95: ZTU-Schaubild für kontinuierliches Abkühlen eines Stahles Ck 45. Austenitisiertemperatur 880 °C, Erwärmung auf Austenitisiertemperatur in 2 min, Austenitisierdauer 10 min. Im unteren Teilbild sind die Gefügemengen und die Härten bei Raumtemperatur in Abhängigkeit von der Abkühlungsdauer bis 500 °C angegeben

von 800 °C bis 500 °C wird häufig als $t_{8/5}$ bezeichnet. ZTU-Schaubilder für kontinuierliches Abkühlen werden vorzugsweise von Ac_3 aus gezeichnet, da dann die graphischen Darstellungen der Umwandlungen von allen Austenitisiertemperaturen unmittelbar durch Übereinanderlegen der Schaubilder vergleichbar sind. Über der Abkühlungsdauer von Ac_3 bis 500 °C sind im unteren Teilbild 95 die bei **Raumtemperatur** gemessenen Gefügeanteile und Härten aufgetragen.

Die in Bild 92 eingetragenen Kurven 1 bis 4 sind in Bild 95 übernommen. Die Kurve 1 hat eine Abkühlungsdauer von 780 °C bis 500 °C von 1,2 s. Bei dieser hohen Abkühlungsgeschwindigkeit entsteht nur Martensit, Bild 64, es wird die Härte von 760 HV 10 erreicht, vgl. Bild 71. Kurve 2 entspricht einer Abkühlungsdauer von 2,8 s. Bei Raumtemperatur liegen entsprechend dem unteren Teilbild 95 vor: 1 Vol.-% Ferrit, 11 Vol.-% Perlit, 18 Vol.-% Bainit und 70 Vol.-% Martensit, *Bild 96a.*

94   Umwandlung untereutektoidischer Stähle

────── 10 μm

96a) Abkühlung bis 500 °C in 2,8 s (Kurve 2 in Bild 92). Es sind entstanden: 1 Vol.-%
Ferrit (1), 11 Vol.-% Perlit (2), 18 Vol.-% Bainit (3) und 70 Vol.-% Martensit (4).

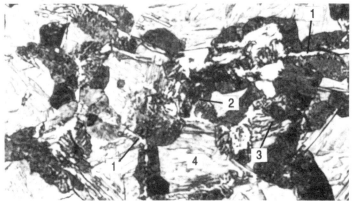

────── 7 μm

96b) Abkühlung bis 500 °C in 3,5 s

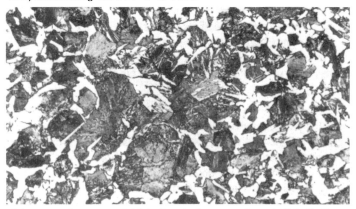

────── 20 μm

96c) Ausschnitt aus Bild b. Es sind entstanden: 3 Vol.-% Ferrit (1), 38 Vol.-% Perlit
(2), 21 Vol.-% Bainit (3) und 38 Vol.-% Martensit (4)
Bild 96: Gefüge eines Stahles Ck 45 nach Austenitisierung 880 °C 10 min und unterschiedlicher Abkühlung. Alle Proben geätzt mit Pikrinsäure + HCl. Das Gefüge
nach Abkühlung entsprechend Kurve 1 in Bild 92 ist in Bild 64 wiedergegeben;

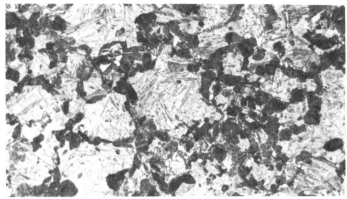

—— 20 μm

96d) Abkühlung bis 500°C in 8,5 s (Kurve 3 in Bild 92). Es sind entstanden: 10 Vol.-% Ferrit (1), 85 Vol.-% Perlit (2), 3 Vol.-% Bainit (3) und 2 Vol.-% Martensit (4)

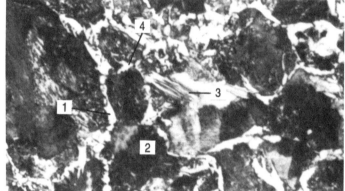

—— 10 μm

96e) Abkühlung bis 500°C in 60 s. Es sind entstanden: 30 Vol.-% Ferrit (weiß) und 70 Vol.-% Perlit

—— 20 μm

96f) Abkühlung bis 500°C in 1350 s. Es sind entstanden: 55 Vol.-% Ferrit (weiß) und 45 Vol.-% Perlit
es ist nur Martensit entstanden. Die jeweils angegebenen Gefügeanteile sind Bild 95 entnommen.

Die gemessenen Gefügeanteile sind Mittelwerte über große Schliffflächen. Die in diesem Buch wiedergegebenen kleinen Bildausschnitte zeigen unter Umständen die Gefügeanteile in anderen Flächenverhältnissen. Die Härte ist mit 550 HV 10 niedriger als nach einer Abkühlung entsprechend Kurve 1. Nach Abkühlung entlang Kurve 3 ist eine Abkühlungsdauer von 780 °C bis 500 °C von 8,5 s erreicht worden. Bei Raumtemperatur liegen Ferrit, Perlit, Bainit und Martensit, Bild 96 d, vor. Die Härte beträgt 330 HV 10. Nach einer Abkühlung von 780 °C bis 500 °C in 700 s entsprechend Kurve 4 sind nur noch die Gefügebestandteile Ferrit und Perlit entstanden. Die Härte hat einen Wert von 200 HV 10, der sich auch bei kleineren Abkühlgeschwindigkeiten nicht mehr wesentlich ändert.

In den Bildern 96b und 96c ist die Gefügeausbildung nach einer Abkühlungsdauer von 3,5 s wiedergegeben, eine Abkühlung, die in Bild 95 nicht eingetragen ist. Nach dem unteren Teilbild 95 sind 3 Vol.-% Ferrit, 38 Vol.-% Perlit, 21 Vol.-% Bainit und 38 Vol.-% Martensit entstanden, die Härte beträgt 410 HV 10. Diese Werte ergeben sich durch das Ablesen der Kurven in Bild 95. Eine Messung an der Probe würde von der Genauigkeit her eine Angabe von 20 % Bainit anstelle von 21 % rechtfertigen.

Der voreutektoidische Ferrit liegt auf den ehemaligen Austenitkorngrenzen, Bild 96b. Anschließend hat sich Perlit gebildet, der in der Aufnahme nur als dunkle Fläche erscheint. Bainit ist nur bei hohen Vergrößerungen von Martensit zu unterscheiden, Bild 96c. Die Aufnahme, Bild 96b, zeigt in der Übersicht, daß die umgewandelten Bereiche stets in der Umgebung von ehemaligen Austenitkorngrenzen liegen, das Korninnere des ehemaligen Austenits ist zu Martensit umgewandelt. In Bild 96e ist die Gefügeausbildung nach einer Abkühlungsdauer von 60 s eingetragen. Es sind Ferrit und Perlit entstanden, es wurde eine Härte von 205 HV 10 gemessen. Ein Vergleich mit Bild 96d zeigt, daß man lediglich an einigen Stellen noch erkennen kann, daß die Bildung des voreutektoidischen Ferrits von den ehemaligen Austenitkorngrenzen ausgegangen ist. Die Ferritmenge ist nach Ende der Abkühlung so groß, daß einzelne kleine Ferritbereiche bereits zusammengewachsen sind, so daß die Lage der ehemaligen Austenitkorngrenzen verwischt. Der Perlit ist noch so fein, daß die Lamellenstruktur kaum erkennbar ist. Nach einer Abkühlungsdauer von 1350 s, Bild 96 f, hat sich großflächiger Ferrit neben Perlit gebildet. Ein Vergleich mit Bild 96e zeigt die deutliche Zunahme der Ferritanteile innerhalb des ferritisch-perlitischen Gefüges. Die Härte beträgt 195 HV 10.

Aus dem unteren Teilbild 95 und den Bildern 96 geht deutlich hervor, daß bei Abkühlungsdauern um 10 s etwa 85 % Perlit, bei Abkühlungsdauern von 10000 s dagegen nur noch rd. 40 Vol.-% Perlit entstehen. Dieses Beispiel macht deutlich, daß es ohne Kenntnis der Abkühlungsgeschwindigkeit nicht möglich ist, aus dem Verhältnis von Ferrit zu Perlit eine Aussage über den Kohlenstoffgehalt eines unlegierten Stahles zu machen. Die oben beschriebene Änderung der Gefügeanteile während der Abkühlung ist in Bild 94 besonders gut zu verfolgen.

Durch die voreutektoidische Ferritausscheidung und durch eine Bainitbildung bei hohen Temperaturen wird der Kohlenstoffgehalt des verbleibenden Austenits erhöht, da z. B. der Ferrit einen kleineren Kohlenstoffgehalt hat als der Austenit, aus dem er entsteht. Entsprechend Bild 70 wird dadurch mit abnehmender Abkühlungsgeschwindigkeit und dadurch zunehmendem Volumenanteil an voreutektoidischem Ferrit und bei hohen Temperaturen gebildetem Bainit die M_s-Temperatur abgesenkt, Bilder 92 und 95.

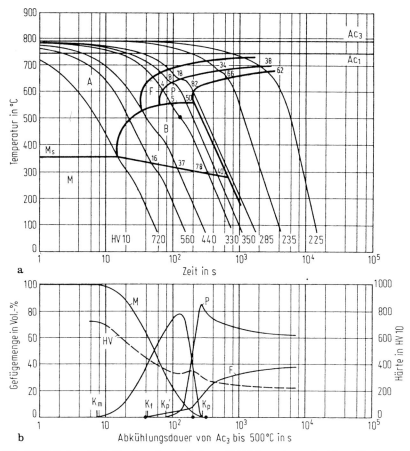

Bild 97: ZTU-Schaubild für kontinuierliches Abkühlen eines Stahles 41 Cr 4. Ausgangsgefüge: 25 Vol.-% Ferrit + 75 Vol.-% Perlit. Austenitisierung: 840 °C 15 min. Unteres Teilbild: Gefügemengen und Härte in Abhängigkeit von der Abkühlungsdauer von Ac₃ bis 500 °C. [Hougardy 1/1984]

Der Übergang von der Bildung von Perlit zu der Bildung von Bainit bei kontinuierlicher Abkühlung ist in den Gefügebildern des Stahles Ck 45, Bild 96, nicht gut zu erkennen. Aus diesem Grunde ist in *Bild 97* das ZTU-Schaubild für kontinuierliche Abkühlung eines Stahles 41 Cr 4 wiedergegeben. Während einer Abkühlung in 43 s auf 500 °C entstehen Ferrit, Bainit und Martensit, *Bild 98* a. Dieser Bainit ist feinnadelig, zum Teil sind die bei niedrigen Temperaturen entstandenen bainitischen Bereiche so fein, daß sie lichtoptisch nicht auflösbar sind. Während einer Abkühlung von 800 °C auf 500 °C in 135 s, Bild 98b, ist u.a. Perlit entstanden, der als schwarze Fläche abgebildet ist. Auch in dieser Aufnahme ist bei hohen Temperaturen gebildeter, grobnadeliger Bainit sowie im unteren Temperaturbereich der Bainitbildung entstandener, feinnadeliger Bainit zu erkennen. Nach einer Abkühlung in 210 s von 800 °C auf 500 °C, Bild 98c, ist, wie auch in Bild 98b gut zu erkennen, der Perlit sehr viel feiner als der nach der Perlitbildung bei niedrigeren Temperaturen entstandene Bainit. Dies wurde bereits bei der isothermischen Umwandlung am Beispiel von Bild

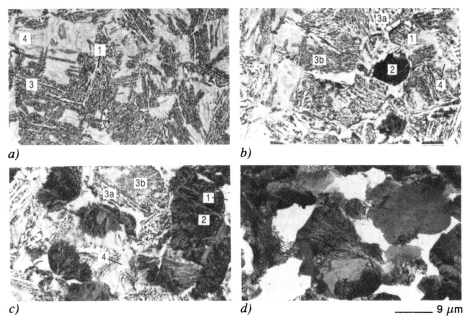

Bild 98: Gefügeausbildung eines Stahles 41 Cr 4 nach kontinuierlicher Abkühlung. Austenitisierung 840 °C 15 min. **a)** Abkühlung auf 500 °C in 43 s. Es sind entstanden: 2 Vol.-% Ferrit (1), 40 Vol.-% Bainit (3) und 58 Vol.-% Martensit (4). **b)** Abkühlung auf 500 °C in 135 s. Es sind entstanden: 5 Vol.-% Ferrit (1), 5 Vol.-% Perlit (2), 78 Vol.-% grobnadeliger Bainit (3a) und feinnadeliger Bainit (3b) sowie 12 Vol.-% Martensit (4). **c)** Abkühlung auf 500 °C in 210 s. Es sind entstanden: 8 Vol.-% Ferrit (1), 55 Vol.-% Perlit (2), 35 Vol.-% grobnadeliger Bainit (3a) und feinnadeliger Bainit (3b) sowie 2 Vol.-% Martensit (4). **d)** Abkühlung auf 500 °C in 1150 s. Es sind entstanden: 35 Vol.-% Ferrit (weiß) und 65 °C Vol.-% Perlit. [Hougardy 1/1984]

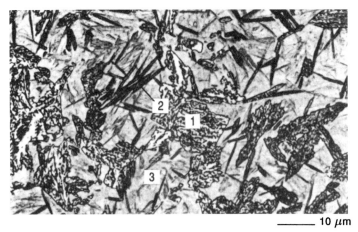

Bild 99: Bainit und Martensit in einem Stahl 14 NiCr 14, aufgekohlt auf 0,53 % C. Wärmebehandlung: 930 °C 15 min / 1300 s → 500 °C. Grobnadeliger Bainit (1), feinnadeliger Bainit (2) und Martensit (3)

90 erwähnt. Nach einer Abkühlungsdauer von 1150 s entstehen Ferrit auf den ehemaligen Austenitkorngrenzen, Bild 98d, der zum Teil zu großen Flächen anwächst, sowie Perlit, der so feinstreifig ist, daß seine Lamellenstruktur lichtoptisch nicht aufgelöst werden kann.

In *Bild 99* ist die Ausbildung des Gefüges eines Stahles 14 NiCr 14 nach einer Aufkohlung und kontinuierlicher Abkühlung wiedergegeben. Es hat sich zunächst grobnadeliger bis körniger Bainit bei hohen Temperaturen gebildet, bei niedrigen Temperaturen ist sehr feiner Bainit in langgestreckter Form entstanden. Der danach noch vorliegende Austenit ist anschließend in Martensit umgewandelt. Diese Aufnahme zeigt besonders deutlich die unterschiedlichen Ausbildungsformen des Bainits nach einer kontinuierlichen Abkühlung. Wie aus den ZTU-Schaubildern, Bilder 95 und 97, hervorgeht, kann - je nach Abkühlung - der Temperaturbereich, in dem Bainit entsteht, 300 °C betragen.

Zur vereinfachenden Beschreibung des Umwandlungsverhaltens werden vielfach „kritische Kühlzeiten" angegeben. Die obere kritische Kühlzeit ist die Abkühlungsdauer bis 500 °C, die erreicht oder unterschritten werden muß, damit ausschließlich Martensit entsteht. Für einen Stahl Ck 45 nach Bild 95 sind dies 1,6 s. In Bild 97 ist diese Zeit als K_m eintragen. Die untere kritische Kühlzeit ist die Abkühlungsdauer bis 500 °C, bei welcher 1 % Martensit entsteht. Für das in Bild 95 angegebene ZTU-Schaubild sind dies 13 s. Diese Zeit ist bei den meisten Stählen identisch mit der Kühlzeit K_p, Bild 97, die zu einer vollständigen Umwandlung in der Perlitstufe führt. Die kritische Kühlzeit K_f, Bild 97, für die Bildung von 1 % Ferrit beträgt in Bild 95 2 s. $K_{p'}$ ist die kritische Kühlzeit für die Bildung von 1 % Perlit, Bild 97.

Vor allem bei kontinuierlicher Abkühlung bildet sich in einigen Stählen der Perlit mitunter in kugelförmigen Kolonien, *Bild 100*. Neben der Ausscheidung auf den ehemaligen Korngrenzen, von denen die Kolonien rosettenartig in das Korn hineinwachsen, sind auch im Korninnern kugelige bis langgestreckte perlitische Bereiche entstanden. Die langgestreckten Bereiche sind außerordentlich schwierig von Bainit zu unterscheiden, mitunter nur durch Einsatz eines Transmissionselektronenmikro-

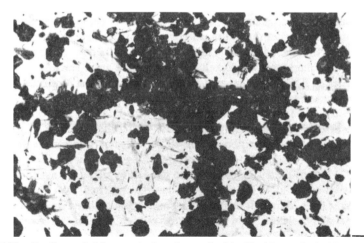

Bild 100: Perlit und Martensit in einem Stahl Ck 15, aufgekohlt auf 0,98 % C. Wärmebehandlung: 930 °C 30 min / 10 s → 500 °C . Schwarz: Perlit, hellgrau Martensit

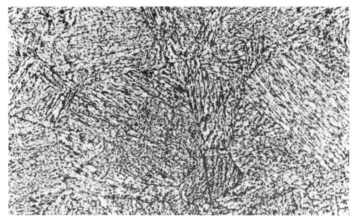

—————— 50 μm

Bild 101: Bainit in einem Stahl StE 690. Wärmebehandlung: 1300°C 15 min / 1400 s → 500°C. Ätzung: Pikrinsäure + HCl

skops, das erkennen läßt, ob innerhalb eines Bereiches Lamellen oder einzelne Carbide vorliegen. In diesem Fall ist die Unterscheidung zwischen Bainit und Perlit für die Beurteilung technischer Legierungen in der Regel nicht bedeutungsvoll, da die Eigenschaften der beiden so ausgebildeten Gefügearten ähnlich sind.

Wegen der Besonderheit der Gefügeausbildung sollen im folgenden noch einige spezielle Ausbildungen des Bainits beschrieben werden. In *Bild 101* ist ein Bainit wiedergegeben, wie er als oberer Bainit idealerweise aussehen sollte. Er wäre als grobnadeliger Bainit zu bezeichnen. Stellt man sich den in Bild 101 wiedergegebenen Bainit etwas gröber vor, so kann es schwer zu unterscheidende Übergänge zu dem Ferrit in Widmannstättenscher Anordnung, Bild 60, geben. In *Bild 102* ist noch einmal ein Ferrit in Widmannstättenscher Anordnung wiedergegeben: Zwischen dem nadelig ausgebildeten Ferrit liegt Perlit. In Bildmitte ist jedoch gut zu erkennen, daß die Perlitstreifen außerordentlich schmal sein können. Diese schmalen Perlitstreifen entstehen aus einem Austenit, der durch das seitliche Wachstum des Ferrits sehr stark an Kohlenstoff angereichert ist. Mit zunehmendem Kohlenstoffgehalt wird aber ganz allgemein die Umwandlungsgeschwindigkeit der Stähle sehr stark verringert. Während einer kontinuierlichen Abkühlung kann es nun geschehen, daß der an Kohlenstoff angereicherte Austenit keine Zeit mehr hat, Perlit zu bilden, er wird so schnell abgekühlt, daß irgendwann die M_s-Temperatur unterschritten wird und anstelle von Perlit entsteht Martensit. In *Bild 103* ist ein entsprechender Gefügeausschnitt wiedergegeben. Nach den oben gegebenen Definitionen handelt es sich um Widmannstätten-Ferrit, solange zwischen den Ferritnadeln Perlit entsteht. Liegt zwischen den Ferritnadeln dagegen Carbid, Martensit oder Restaustenit, so handelt es sich um Bainit. Diese einfache Definition ist auf Bild 103 nicht anwendbar, da zwischen zwei Ferritlanzetten abwechselnd Perlit oder Martensit liegt. In der Praxis kann man nur so vorgehen, daß man das Gefüge so bezeichnet, wie es dem überwiegenden Teil des zwischen den Ferritlanzetten liegenden Gefüges entspricht.

Entsprechende Schwierigkeiten in der Gefügedefinition gibt es auch zwischen der Bainitstufe und der Martensitstufe. In *Bild 104* ist gezeigt, daß zwischen zwei Nadeln eines bainitischen Ferrits noch Carbid gebildet ist, an einzelnen Stellen die Zeit

Bild 102: ——— 20 μm
Ferrit in Widmannstättenscher Anordnung (weiß) und Perlit. Stahl 19 Mn 5. Wärmebehandlung 1050 °C 3 min / 400 s → 500 °C. Ätzung: HNO$_3$. [Rose und Klein 1959]

Bild 103: ——— 5 μm
Ferrit in Widmannstättenscher Anordnung (weiß) und Perlit. Stahl 19 Mn 5. Wärmebehandlung 1200 °C 20 min / 300 s → 500 °C. Ausschnittvergrößerung mit dem Übergang von Perlit (1) in Martensit (2). Ätzung: HNO$_3$ [Rose und Klein 1959]

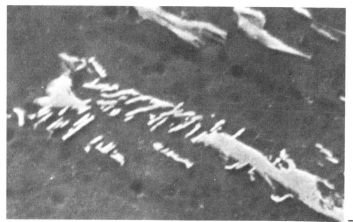

——— 1 μm

Bild 104: Bainit in einem Stahl StE 690. Aufnahme im Rasterelektronenmikroskop. Dunkelgrau: Ferrit, weiße Striche: Carbid, hellgraue Flächen: Martensit. [Hougardy 1/1984]

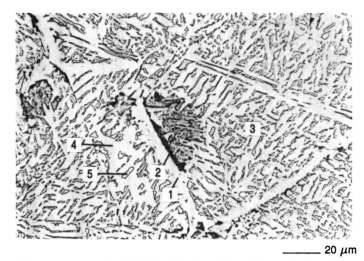

Bild 105: *Gefüge in einem Stahl StE 360. Wärmebehandlung: 1300 °C 15 min / 68 s → 500 °C. Es sind entstanden: Ferrit auf den ehemaligen Austenitkorngrenzen (1), Perlit (2) sowie Bainit (3), bestehend aus Ferrit (4) und Martensit (5). [Hougardy 1/1984]*

während der kontinuierlichen Abkühlung für die Carbidbildung aber nicht mehr ausgereicht hat und der dort liegende Austenit martensitisch umgewandelt ist. Bild 105 zeigt ein entsprechendes Gefüge, bei dem bereits lichtoptisch zu erkennen ist, daß zwischen den ferritischen Bereichen Martensit entstanden ist. Die richtige Kennzeichnung dieses Gefüges wäre: voreutektoidischer Ferrit auf den ehemaligen Austenitkorngrenzen, Perlit, nadelförmiger Ferrit mit dazwischen liegenden Martensit-Inseln. In der Praxis werden aber die Bereiche aus nadeligem Ferrit mit dazwischen liegenden Martensit-Inseln als Bainit bezeichnet. Diese Beispiele verdeutlichen, daß es mitunter schwierig bis unmöglich ist, alle in Stählen auftretenden Gefüge ohne weiteres in die in Bild 51 angegebenen Gruppen einzuteilen. Man muß vielfach dem Zweck der Gefügebeurteilung angepaßte Beschreibungsweisen anwenden. Unter diesen Gesichtspunkten ist es nicht sinnvoll, Gefügeausbildungen zu unterscheiden, deren mechanische Eigenschaften vergleichbar sind.

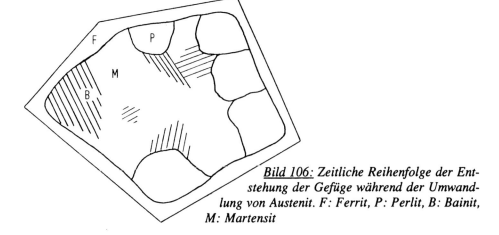

Bild 106: *Zeitliche Reihenfolge der Entstehung der Gefüge während der Umwandlung von Austenit. F: Ferrit, P: Perlit, B: Bainit, M: Martensit*

Die Kennzeichnung des in Bild 105 überwiegend auftretenden Bainits als „grober Bainit" entspricht den zu erwartenden mechanischen Eigenschaften: Für die zu ermittelnde Streckgrenze werden die Zähigkeitseigenschaften nicht sehr gut sein.

Vielfach kann man bei der Interpretation der Gefügeausbildung auch auf die Anordnungen der Gefüge in der Probe zurückgreifen, um eine bessere Kennzeichnung zu erreichen. In *Bild 106* ist schematisch dargestellt, daß der voreutektoidische Ferrit grundsätzlich mit der Ausscheidung auf den ehemaligen Austenitkorngrenzen beginnt, wie auch aus den Bildern 88, 90a, 96e und 105 zu ersehen ist. Daran schließt sich die Bildung von Perlit an, vgl. Bilder 87, 88 und 90a. Als dritte Gefügeart entsteht der Bainit entweder unmittelbar im Anschluß an den Ferrit oder im Anschluß an den Perlit oder unabhängig von diesen beiden Gefügen im Korninnern, Bilder 96c, 105. *Bild 107* zeigt eine Gefügeausbildung, an der man die in Bild 106 beschriebenen Anordnungen sehr gut finden kann.

Ähnliche Schwierigkeiten in der Gefügedefinition treten immer wieder in der Wärmeeinflußzone und im Schweißgut von Schweißverbindungen auf. *Bild 108* zeigt

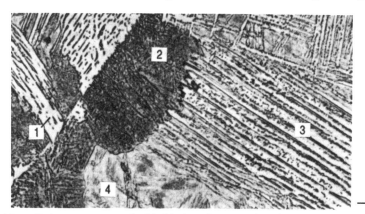

Bild 107: Gefüge in einem Stahl Ck 15. Wärmebehandlung: 1050 °C 15 min / 206 s → 500 °C . Ferrit in Widmannstättenscher Anordnung (1), Perlit (2), Bainit (3) und Martensit (4)

Bild 108: „Nadelferrit" in der Wärmeeinflußzone eines Stahles St 37. Das Gefüge besteht aus Ferrit in Widmannstättenscher Anordnung (1) und Bainit (2). Ätzung: HNO_3

ein Beispiel eines Gefüges, das den in der Literatur vielfach als Nadelferrit gekennzeichneten Ferrit wiedergibt. In diesem Fall handelt es sich um Ferrit in Widmannstättenscher Anordnung und Bainit mit stetigen Übergängen zwischen diesen Gefügeausbildungen, vgl. Bild 103.

7.4 Die Umwandlung übereutektoidischer Stähle

7.4.1 Die isothermische Umwandlung

In *Bild 109* ist das ZTU-Schaubild für isothermische Umwandlung eines Stahles C 100 dargestellt. Nach Bild 43 führt die gewählte Austenitisierung 860 °C 10 min zu der Bildung eines homogenen Austenits. Bei einer Umwandlung oberhalb von 600 °C scheiden sich voreutektoidische Carbide anstelle des voreutektoidischen Ferrits bei untereutektoidischen Stählen (Bilder 86 und 87) aus. Vor allem bei Umwandlungstemperaturen kurz unter Ac_1 scheidet sich das voreutektoidische Carbid vielfach als Film auf den Austenitkorngrenzen aus, wodurch die Zähigkeit der Werkstücke ungünstig beeinflußt wird. Bei tieferen Temperaturen entspricht die Darstellung derjenigen der Schaubilder für untereutektoidische Stähle, so daß sich eine eingehende Beschreibung erübrigt. Bild 109 wurde ausgewählt, um die Ähnlichkeit unter- und übereutektoidischer Stähle aufzuzeigen.

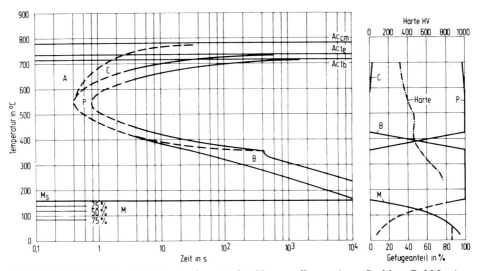

Bild 109: ZTU-Schaubild für isothermische Umwandlung eines Stahles C 100. Austenitisiertemperatur 860 °C , Erwärmung auf Austenitisiertemperatur in 2 min, Austenitisierdauer 10 min. Im rechten Teilbild sind die Gefügeanteile nach vollständiger Umwandlung sowie die Härte bei Raumtemperatur in Abhängigkeit von der Umwandlungstemperatur angegeben. Die Gefügeanteile unter M_s sind entsprechend Bild 70 berechnet. C: Carbid, P: Perlit, B: Bainit, M: Martensit, A: Austenit

Eine Umwandlung bei 750 °C führt zu einer voreutektoidischen Carbid-Ausscheidung auf den Austenitkorngrenzen. Da diese Temperatur oberhalb von Ac_{1e} liegt, laufen auch bei langen Haltedauern keine weiteren Umwandlungen ab. Während einer Umwandlung bei 700 °C scheidet sich nach 1,2 s Carbid auf den Austenitkorngrenzen aus, es bildet einen geschlossenen Film. Nach 10 s beginnt die Bildung von Perlit, die nach 200 s abgeschlossen ist. Während einer Umwandlung bei 550 °C entsteht keine voreutektoidische Carbid-Ausscheidung mehr, nach 0,4 s beginnt unmittelbar die Bildung von Perlit, die nach 0,8 s abgeschlossen ist. Dieser Perlit hat einen Kohlenstoffgehalt, der dem des Stahles entspricht, d.h. deutlich höher ist, als nach dem Zustandsschaubild zu erwarten. Dies wird dadurch erreicht, daß die Ferrit-Lamellen schmaler und die Zementit-Lamellen breiter werden. Eine Umwandlung bei 300 °C führt nach 200 s zu dem Beginn der Bainitbildung, die nach 1200 s abgeschlossen ist. Die Härte nimmt innerhalb eines Gefüges mit abnehmender Bildungstemperatur zu, lediglich bei niedriger Temperatur gebildeter Perlit nimmt in der Härte nicht mehr zu.

Wie bereits in Abschnitt 6.2 erwähnt, werden übereutektoidische Stähle unter technischen Bedingungen in dem Zweiphasengebiet Austenit + Carbid austenitisiert. Die in *Bild 110* gewählte Austenitisierungsbedingung 760 °C 10 min führt nach Bild 43 zu einem Anteil von 4 % ungelöster Carbide. Das Feld vor den Umwandlungskurven trägt daher die Bezeichnung A + C, Bild 110. Nach einer isothermischen Umwandlung bei 600 °C besteht das Gefüge aus ungelösten Carbiden und Perlit. Während der Umwandlung wachsen die ungelösten Carbide an, ihr Volumenanteil wird größer. In Bild 110 ist jedoch keine Linie für die Carbidausscheidung eingezeichnet, da das Carbidwachstum meßtechnisch nur schwer zu erfassen ist. Durch dieses Anwachsen der ungelösten Carbide wird die für Bild 109 beschriebene, unerwünschte Bildung von Korngrenzencarbiden verhindert.

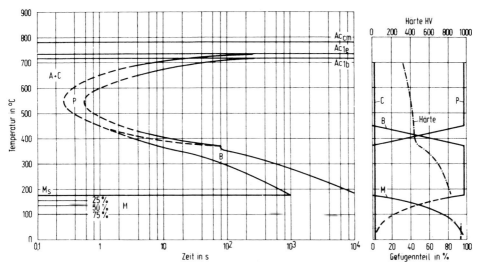

Bild 110: ZTU-Schaubild für isothermische Umwandlung eines Stahles C 100. Austenitisiertemperatur 760 °C, Erwärmung auf Austenitisiertemperatur in 2 min, Austenitisierdauer 10 min. Da die Austenitisiertemperatur zwischen Ac_{1e} und Ac_{cm} liegt, treten ungelöste Carbide auf (vgl. Bild 43)

Nach einer Austenitisierung bei 860 °C 10 min, Bild 109, ist der gesamte Kohlenstoff im Austenit gelöst, Bild 43. M_s-Temperatur und Härte entsprechen daher den Werten für 1 Vol.-% Kohlenstoff, Bilder 70 und 71 (gestrichelte Linie). Da bei Abkühlung auf Raumtemperatur die Martensitbildung noch nicht abgeschlossen ist,

Bild 70, erreicht in Bild 109 die Linie für die Martensitmenge nicht 100 Vol.-%, es bleibt Restaustenit beständig. Nach der Austenitisierung bei 760 °C ist ein Teil des Kohlenstoffs als Carbid gebunden, Bild 43, im Austenit ist daher weniger als 1 Vol.-% Kohlenstoff gelöst. Dementsprechend sind die Werte für die M_s-Temperatur und die Härte bei Raumtemperatur in Bild 110 höher als in Bild 109 (vgl. Bilder 70 und 71), der Restaustenitanteil ist geringer als nach Bild 109.

7.4.2 Die Umwandlung bei kontinuierlicher Abkühlung

In <u>Bild 111</u> ist das ZTU-Schaubild für kontinuierliches Abkühlen eines Stahles C 100 wiedergegeben. Die Austenitisierung entspricht der für die Aufstellung von Bild

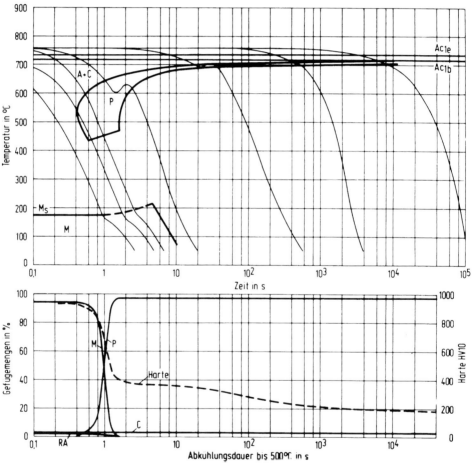

<u>Bild 111:</u> *ZTU-Schaubild für kontinuierliches Abkühlen eines Stahles C 100. Austenitisiertemperatur 760 °C, Erwärmung auf Austenitisiertemperatur in 2 min, Austenitisierdauer 10 min. Im unteren Teilbild sind die nach Abkühlung auf Raumtemperatur vorliegenden Gefügeanteile sowie die Härtewerte dargestellt*

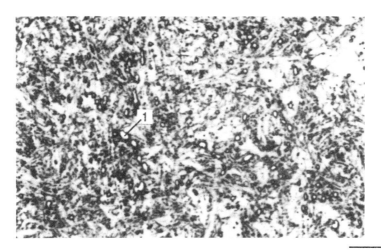

———— 10 μm

<u>Bild 112</u>: *Gefüge eines Stahles C 100 nach Wasserabschreckung eines dünnen Plättchens von 760 °C (Abkühldauer auf 500 °C 0,4 s, vgl. Bild 111). Ungelöste Carbide (1) und Martensit. Ätzung: Pikrinsäure + HCl*

110 gewählten. Der Ausgangszustand ist Austenit mit ungelösten Carbiden. Nach einer Abkühlungsdauer von 760 °C bis 500 °C unter 0,4 s entsteht nur Martensit. Das Gefüge besteht bei Raumtemperatur aus ungelösten Carbiden, Martensit und Restaustenit. Die M_s-Temperatur des Stahles ist höher als nach Bild 70 zu erwarten, da durch die ungelösten Carbide der Kohlenstoffgehalt des Austenits unter dem für den Stahl angegebenen liegt, vgl. auch Bild 110. Nach Bild 70 ist bei Abkühlung auf Raumtemperatur ein Restaustenitanteil von 10 Vol.-% zu erwarten, der in Bild 111 eingetragene Wert ist wegen des kleineren Kohlenstoffgehaltes des Austenits bei Beginn der Umwandlung niedriger. In <u>Bild 112</u> ist der röntgenographisch nachgewiesene Restaustenit nicht zu erkennen. Er ist, wie bei den meisten Werkzeugstählen, so fein verteilt, daß er lichtoptisch nicht nachgewiesen werden kann. Ein Vergleich der <u>Bilder 113 a</u>, 65 und 112 läßt erkennen, daß der Volumenanteil der ungelösten Carbide bei Austenitisieren 30 °C bis 50 °C oberhalb Ac_{1e} mit dem Kohlenstoffgehalt des Stahles zunimmt, was sich auch durch die Anwendung des Hebelgesetzes und Bild 16 ergibt. In Bild 113b sind ungelöste Carbide nur noch als feinste schwarze Punkte zu ahnen. Sie sind aufgrund der höheren Austenitisiertemperatur fast vollständig aufgelöst. Dies hat zur Folge, daß die Austenitkorngröße anwächst, da die kornwachstumshemmende Wirkung der Carbide nicht mehr vorhanden ist. Der in diesen Stählen entstehende Plattenmartensit, Bild 66, wächst entsprechend Bild 69, d.h. mit zunehmender Austenitkorngröße nimmt die Länge der Platten zu, das Gefüge wird gröber. In Bild 113 b sind einzelne, grobe Martensitplatten bereits zu erkennen, in Bild 113 a ist das Gefüge so fein, daß keinerlei Platten sichtbar sind. In Bild 112 wurde der Martensit so stark angeätzt, daß eine Struktur erkennbar wird. Die Helldunkel-Unterschiede sind jedoch Anzeichen für eine inhomogene Kohlenstoffverteilung innerhalb des ehemaligen Austenits, einzelne Martensit-Platten sind auch hier nicht zu erkennen. Nicht sichtbar ist, daß in Bild 113 b bereits erhebliche Volumenanteile an Restaustenit vorliegen, die Härte dieser Proben ist deutlich niedriger als die der Proben, deren Gefüge in Bild 113 a wiedergegeben ist.

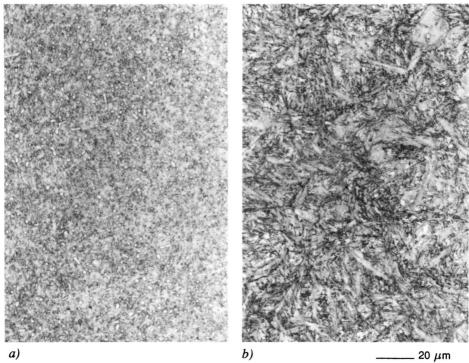

a) b) —— 20 μm

<u>Bild 113:</u> *Gefügeausbildung eines Stahles C 125 nach dem Härten. Ausgangszustand: weichgeglüht. a) Gehärtet von 780 °C. Ungelöste Carbide (weiß) und Martensit. b) Gehärtet von 980 °C 20 min. Plattenmartensit (grau) mit Restaustenit (weiße Flecken)*

Bei Abkühlungsdauern größer als 0,4 s entstehen nach Bild 111 Perlit und Martensit, bei Abkühlungsdauern größer als 1,6 s entsteht nur noch Perlit. Bainit tritt bei diesem Stahl bei kontinuierlicher Abkühlung nicht auf. Kühlt man entlang der Kurve mit einer Abkühlungsdauer bis 500 °C von 0,8 s ab, so liegt der Beginn der Perlitbildung bei 600 °C, bei 450 °C ist die Perlitbildung abgeschlossen. Der noch verbleibende Anteil von 85 Vol.-% Austenit ändert sich nicht mehr, bis mit Unterschreiten von M_s bei 195 °C die Martensitbildung einsetzt. Wie bei der isothermischen Umwandlung wachsen die ungelösten Carbide während der Abkühlung um so mehr an, je langsamer abgekühlt wird, ohne daß dies meßtechnisch mit einfachen Mitteln nachzuweisen ist. Dadurch verarmt der Austenit an Kohlenstoff. Dementsprechend muß, wie ein Vergleich mit Bild 70 zeigt, die M_s-Temperatur mit abnehmender Abkühlungsgeschwindigkeit ansteigen, Bild 111.

7.5 Einfluß der chemischen Zusammensetzung und des Ausgangszustandes auf die Umwandlung

Die Meßgenauigkeit der ZTU- und ZTA-Schaubilder ist vergleichbar (vgl. Abschnitt 6.3). Wie die ZTA-Schaubilder gelten auch die ZTU-Schaubilder streng lediglich für die Schmelze, aus der die Proben für die Aufnahme des ZTU-Schaubildes entnommen wurden. Da die Aufnahme eines vollständigen ZTU-Schaubildes für jede Schmelze zu aufwendig ist, wurde mit dem Stirnabschreckversuch eine Möglichkeit geschaffen, schnell das Umwandlungsverhalten und die Härtbarkeit eines Stahles zu überprüfen, vgl. Abschnitt 9.1. Bei den unlegierten Stählen ist - innerhalb der zulässigen Streuwerte - vor allem der Einfluß des Kohlenstoffgehaltes auf die Umwandlung zu beachten, bei den meisten legierten Stählen überwiegt die Auswirkung der Legierungselemente. Der Ausgangszustand wirkt sich vor allem bei niedrigen Austenitisiertemperaturen und kurzen Austenitisierungszeiten auf die Umwandlung aus, vgl. folgenden Abschnitt. Die Stahlhersteller haben ZTU-Schaubilder für die von ihnen erzeugten Stähle aufgestellt.

7.6 Der Einfluß der Austenitisiertemperatur auf die Umwandlung

ZTU-Schaubilder gelten nur für den gewählten Austenitisierungszustand. In einigen Sammlungen, z. B. dem Atlas zur Wärmebehandlung der Stähle, sind ZTU-Schaubilder für verschiedene Austenitisiertemperaturen zusammengestellt. Als Regel gilt, daß mit zunehmender Austenitisiertemperatur oder zunehmender Austeniti-

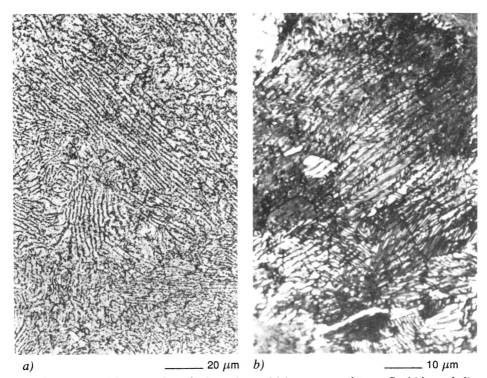

Bild 114: Auswirkung während einer Austenitisierung ungelöster Carbide auf die Gefügeausbildung. Stahl C 70. Ausgangszustand: groblamellarer Perlit. a) 810 °C 12 min / Wasser + 500 °C 15 min / Wasser. Beim Anlassen haben sich Carbide in Form der ehemaligen Perlitlamellen ausgeschieden. b) 810 °C 12 min / 710 °C 500 s / Wasser. Neben dem neugebildeten dunklen Perlit, dessen Lamellen kaum zu erkennen sind, stehen noch als lange, durchgehende schwarze Linien die Carbidlamellen des Perlits des Ausgangszustandes

sierungsdauer, insbesondere zunehmender Austenitkorngröße, die Stähle umwandlungsträger werden. Dies betrifft vor allem die Umwandlung in der Perlitstufe. Die Umwandlung in der Bainitstufe ändert sich bei den meisten Stählen nur wenig mit der Austenitisiertemperatur. Nach Abkühlen aus dem Bereich des homogenen Austenits sind die Temperatur M_s und die Härte des Martensits (vgl. Bilder 35 und 45) praktisch unabhängig von der Austenitisiertemperatur und der Austenitisierungsdauer. Nach unvollständiger Austenitisierung untereutektoidischer Stähle in den Dreiphasengebieten $\alpha + \gamma + M_3C$ (vgl. Bilder 27 sowie 35 bis 38) sind die Stähle sehr umwandlungsfreudig. Zum Teil bilden sich Gefüge, die von den bisher beschriebenen abweichen, was z. B. für ein Weichglühen ausgenutzt werden kann, vgl. Abschnitt 8.2.2. Vor allem bei niedrigen Austenitisiertemperaturen ist der Ausgangszustand des Werkstoffes wesentlich für die Entstehung des Austenits, vgl. Bild 46. Werden untereutektoidische Stähle weichgeglüht, um z. B. die Kaltumformbarkeit zu verbessern, lösen sich die entstandenen Carbide sehr viel langsamer als bei Vorliegen eines feinlamellaren Perlits. Dies muß z. B. bei der Austenitisierung für ein Vergüten berücksichtigt werden.

In *Bild 114* ist das Gefüge eines Stahles C 70 nach unterschiedlichen Wärmebehandlungen wiedergegeben. Ausgangszustand war ein sehr groblamellarer Perlit. Nach der kurzen Austenitisierung bei 810 °C ist der Zementit dieses extrem groblamellaren Perlits noch nicht voll in Lösung gewesen. Der Kohlenstoff war noch an den Stellen angereichert, an denen vorher Carbidlamellen gewesen sind. Im gehärteten Zustand war dies nicht zu erkennen. In Bild 114a sieht man nach dem Anlassen deutlich noch die Carbid-Anordnung des ehemaligen Perlits neben den aus dem Martensit entstandenen Carbiden. Nach isothermischer Umwandlung ist ein doppelter Perlit entstanden, Bild 114b. Die groben Lamellen entsprechen der Carbid-Anordnung des Ausgangszustandes, die dazwischen liegenden, feinen Lamellen sind während der Abkühlung entstanden. Nach einer Austenitisierung bei 1000 °C waren alle Carbide vollständig in Lösung gegangen, der Austenit war homogen. Bei der Umwandlung dieses Austenits bildeten sich „normale" Umwandlungsgefüge, nach Anlassen des Martensits waren die Carbide fein und gleichmäßig verteilt.

Die ZTU-Schaubilder beschreiben die Entstehung von Gefügen, die nicht dem Gleichgewicht entsprechen. Hieraus leitet sich auch die starke Auswirkung der Austenitisierung auf das Umwandlungsverhalten ab. Würde man von beliebiger Austenitisiertemperatur unendlich langsam abkühlen, so würden die Phasen-Anordnungen entsprechend dem Gleichgewicht entstehen, wie sie in den Zustandsschaubildern beschrieben sind. Das Zustandsschaubild ist daher der Grenzfall des ZTU-Schaubildes für unendlich langsame Abkühlung, *Bild 115*, bzw. bei isothermischer Umwandlung für unendlich lange Haltedauer. Dies entspricht der bereits für Bild 42 gemachten Aussage, daß die ZTA-Schaubilder bei unendlich langer Haltedauer zu den in den Zustandsschaubildern beschriebenen Gleichgewichtszuständen führen. Auf den Einfluß der Austenitkorngröße auf die Korngröße des Umwandlungsgefüges wurde bereits am Ende des Abschnittes 7.3.1 eingegangen. Bei kontinuierlicher Abkühlung besteht - im Gegensatz zu einer isothermischen Umwandlung - nicht die Möglichkeit, Gefüge in einem gewünschten Temperaturbereich zu bilden und damit die Korngröße des Umwandlungsgefüges gezielt zu beeinflussen. Bei gleicher Abkühlung beginnt die Umwandlung bei um so tieferer Temperatur, je höher die Austenitisierungstemperatur war. Nach dem am Ende von Abschnitt 7.3.1 Gesagten kann das in einigen Fällen dazu führen, daß ein Bainit, der aus einem groben Austenitkorn entsteht, wegen der damit verbundenen Verschiebung der Umwandlung zu tiefen Temperaturen, ein feineres Korn hat als ein Bainit, der bei hohen Temperaturen aus einem feinkörnigen Austenit entsteht [Pitsch und Hougardy 1984].

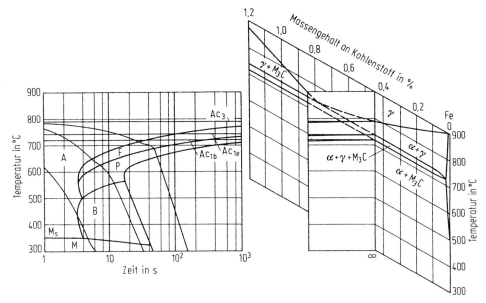

<u>Bild 115</u>: *Das Gleichgewichtsschaubild Eisen-Zementit als Grenzfall des ZTU-Schaubildes für kontinuierliches Abkühlen mit unendlich kleiner Abkühlungsgeschwindigkeit*

8 Die Anwendung der ZTA- und der ZTU-Schaubilder bei technischen Wärmebehandlungen

Bei der Anwendung der ZTA- und der ZTU-Schaubilder in der Praxis ist darauf zu achten, daß den Schaubildern nur die Informationen zu entnehmen sind, die sie aufgrund ihrer Aufstellung enthalten. So ist es nicht möglich, die Umwandlungsvorgänge bei einem Patentieren von Drähten mit 15 mm Durchmesser ausschließlich anhand der isothermischen ZTU-Schaubilder zu beurteilen, da diese mit Proben von 2 mm Dicke aufgenommen werden und daher einen sehr viel schnelleren Einlauf auf die Umwandlungstemperatur voraussetzen als dies bei Werkstücken von 15 mm Durchmesser möglich ist. Welche Abschätzung der Wärmebehandlung in derartigen Fällen möglich ist, wird in den Abschnitten 8.2.4 „Patentieren" und 8.4.2 „Warmbadhärten" erläutert. Durch Austenitisieren zwischen Ac_{1b} und Ac_{1e} wird zum Teil versucht, ein sehr feines Austenitkorn und ein sehr feinkörniges Umwandlungsgefüge zu erreichen, wodurch vor allem nach einer Vergütung bessere Zähigkeiten erreicht werden. Diesen Verfahren sind Grenzen gesetzt durch die geringe Durchhärtung beim Abschrecken und die geringe erreichbare Martensithärte nach einer unvollständigen Austenitisierung. Damit werden die möglichen Verbesserungen der Eigenschaften vor allem abhängig vom Querschnitt der Werkstücke, worauf im folgenden Abschnitt näher eingegangen wird.

8.1 Die Änderung von Gefüge und Härte mit dem Querschnitt technischer Werkstücke

Technische Werkstücke haben Abmessungen von wenigen bis zu einigen tausend Millimetern. Sie erfüllen nicht die Bedingungen der für die Aufstellung von ZTA- und ZTU-Schaubildern verwendeten Proben, daß Erwärmung bzw. Abkühlung in Rand und Kern gleich sind. Man behandelt daher Rand und Kern getrennt. *Bild 116* zeigt für Randquerschnitte die Abkühlungsdauer von 800 °C bis 500 °C für Rand und Kern für eine Abkühlung in Wasser, Luft und Öl. Danach kühlt ein Rundbolzen von 30 mm Durchmesser bei Wasserabkühlung im Kern in 14 s von 800 °C bis 500 °C ab. Ist dieser Bolzen aus dem Stahl Ck 45, aus dem die Proben für das ZTU-Schaubild nach Bild 95 entnommen wurden, so entstehen im Kern 15 Vol.-% Ferrit und 85 Vol.-% Perlit. Der Rand kühlt in 3,2 s von 800 °C bis 500 °C ab, es entstehen nach Bild 95 2 Vol.-% Ferrit, 20 Vol.-% Perlit, 18 Vol.-% Bainit und 60 Vol.-% Martensit. Die Härte im Rand beträgt 540 HV 10, im Kern 280 HV 10. Gefüge und Härte sowie alle übrigen mechanischen Eigenschaften sind nach dieser Abkühlung in Rand und Kern unterschiedlich.

Bei einer Luftabkühlung desselben Querschnittes ist die Abkühlungsdauer von 800 °C bis 500 °C am Rand nach Bild 116 300 s, im Kern 380 s. Nach Bild 95 entstehen - unter der Annahme, daß der Bolzen aus dem Stahl Ck 45 gefertigt ist -

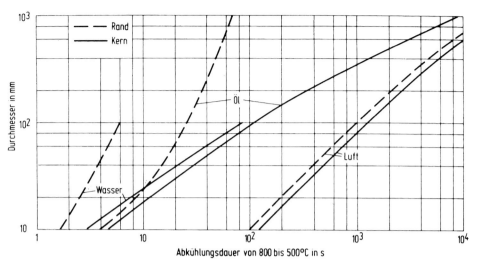

Bild 116: Abkühlung von Rand (gestrichelte Kurven) und Kern (ausgezogene Kurven) zylindrischer Proben in Wasser, Öl und Luft. Die Kurve für den Rand entspricht einer Stelle, die etwa 1 % des Durchmessers unter der Oberfläche liegt

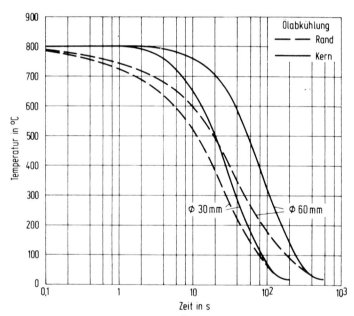

Bild 117: Temperatur-Zeit-Verlauf für die Ölabkühlung von zylindrischen Proben am Rand (gestrichelte Kurve) und im Kern (ausgezogene Kurve) für zwei Durchmesser. Der Rand ist wie in Bild 116 definiert

Änderung von Gefüge und Härte mit dem Querschnitt

in Rand und Kern 45 Vol.-% Ferrit und 55 Vol.-% Perlit mit einer Härte von 200 HV 10. Es besteht praktisch kein Unterschied in der Gefügeausbildung und in den mechanischen Eigenschaften zwischen Rand und Kern. Nur bei sorgfältiger Abstimmung der Werkstückabmessungen, des Umwandlungsverhaltens des Werkstoffes und der Abkühlungsdauer können unter technischen Bedingungen ein gleiches Gefüge und damit gleiche mechanische Eigenschaften über den Querschnitt erreicht werden. In *Bild 117* sind die Abkühlungskurven für Rand und Kern von Rundbolzen mit 30 mm Durchmesser und 60 mm Durchmesser für eine Ölabkühlung eingetragen. Die Schnittpunkte dieser Kurven mit der 500-°C-Linie ergeben die Abkühlungsdauern von 800 °C bis 500 °C, die auch Bild 116 entnommen werden können.

An Hand des Umwandlungsverhaltens der Stähle Ck 35, 34 CrMo 4 und 50 CrMo 4, deren ZTU-Schaubilder für kontinuierliche Abkühlung in den *Bildern 118 bis 120*

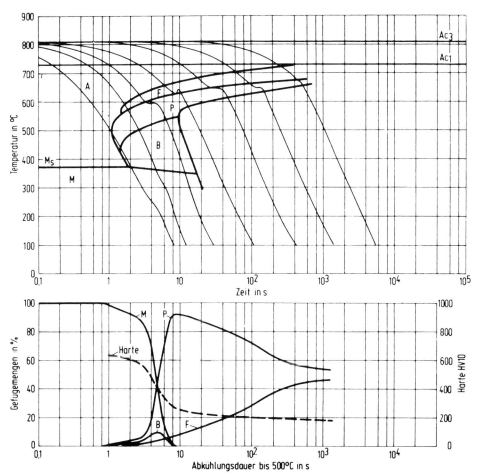

Bild 118: ZTU-Schaubild für kontinuierliches Abkühlen eines Stahles Ck 35 mit Gefügemengenkurven. Austenitisiertemperatur 880 °C, Erwärmung auf Austenitisiertemperatur in 2 min, Austenitisierdauer 10 min

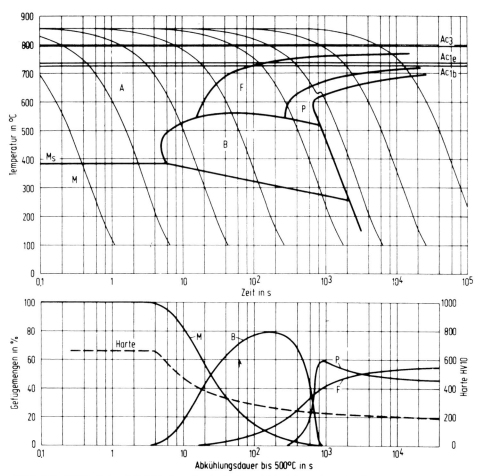

Bild 119: ZTU-Schaubild für kontinuierliches Abkühlen eines Stahles 34 CrMo 4 mit Gefügemengenkurven. Austenitisiertemperatur 860 °C, Erwärmung auf Austenitisiertemperatur in 2 min, Austenitisierdauer 10 min

dargestellt sind, soll der Einfluß der Legierungselemente auf das Umwandlungsverhalten und damit auf die Gefüge- und Härteunterschiede zwischen Rand und Kern von Werkstücken unterschiedlicher Abmessungen besprochen werden. Unter jedem der Schaubilder ist wie in dem Schaubild des Stahles Ck 45, Bild 95, die Härte in Abhängigkeit von der Abkühlungsdauer bis 500 °C angegeben. Diese Härtekurven sind in *Bild 121* im rechten Teilbild wiederholt. Am oberen Bildrand sind die Abkühlungsdauern für Rand und Kern eines Rundbolzens von 30 mm Durchmesser bei Wasserabkühlung als gestrichelte Linien eingezeichnet. Im linken Teilbild ist die Härte von Rundquerschnitten über dem Radius, gerechnet jeweils von der Mitte des Werkstückes an, aufgetragen. Für den Stahl Ck 35 ist von dem rechten Teilbild der Härtewert, der bei der gewählten Abkühlung im Kern erreicht wird, in das linke Teilbild hinüber durch eine Strichelung verlängert. Dieser Wert entspricht dem der Härte im Kern. Die Härte am Rand ist ebenfalls zwischen dem rechten und linken

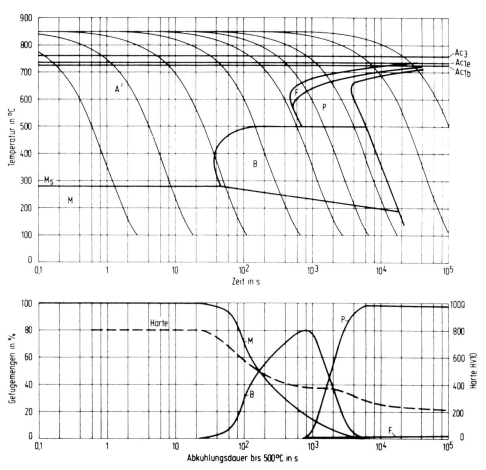

Bild 120: ZTU-Schaubild für kontinuierliches Abkühlen eines Stahles 50 CrMo 4 mit Gefügemengenkurven. Austenitisiertemperatur 850 °C, Erwärmung auf Austenitisiertemperatur in 2 min, Austenitisierdauer 10 min

Teilbild durch eine Strichelung verbunden. Ermittelt man nun die Abkühlungsdauern für eine Reihe weiterer Querschnittsteile und trägt sie in das rechte Teilbild ein, so ergeben sich aus der Härtekurve des jeweiligen Stahles weitere Werte im linken Teilbild für die Härte in Abhängigkeit vom Querschnitt. Auf diese Weise sind die im linken Teilbild 121 wiedergegebenen Kurven entstanden. Aus der Darstellung ergibt sich, daß für einen Stahl 50 CrMo 4 unter den gewählten Bedingungen die Härte in Rand und Kern der Höchsthärte des Stahles entspricht: das Werkstück ist durchgehärtet. Bei einem Stahl 34 CrMo 4 erreicht der Rand gerade noch die Höchsthärte des Stahles von 650 HV 10 (vgl. auch Bild 71), der Kern dagegen hat eine erheblich geringere Härte. Überträgt man die Abkühlungsdauern für Rand und Kern aus Bild 121 in das ZTU-Schaubild, Bild 119, so kann man ablesen, daß am Rand das Gefüge aus Martensit, im Kern dagegen aus 30 Vol.-% Bainit und 70 Vol.-% Martensit besteht. Der Stahl Ck 35 erreicht auch am Rand nicht mehr seine größte Härte. Rand und Kern erreichen geringere Härten als der Stahl 34 CrMo 4. Dies wird auch

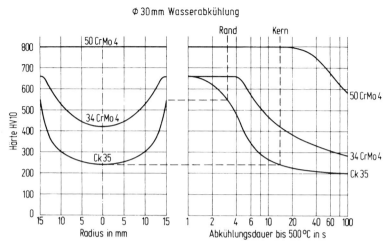

Bild 121: Rechtes Teilbild: Härte in Abhängigkeit von der Abkühlungsdauer für drei Stähle entsprechend den Bildern 118 bis 120. Zusätzlich eingetragen ist die Abkühlungsdauer für Rand und Kern eines Zylinders mit 30 mm Durchmesser bei Wasserabkühlung. Linkes Teilbild: Aus dem rechten Teilbild konstruierter Verlauf der Härte, aufgetragen über dem Radius

durch einen Vergleich der ZTU-Schaubilder in den Bildern 118 und 119 deutlich: Der Stahl 34 CrMo 4 ist umwandlungsträger als der Stahl Ck 35. Bild 122 zeigt eine Bild 121 entsprechende Darstellung, jedoch für die Annahme der Ölabkühlung eines Werkstückes mit 60 mm Durchmesser, vgl. Bild 117. In diesem Fall erreicht lediglich noch der Rand des Bolzens aus dem Stahl 50 CrMo 4 die höchstmögliche Härte des Stahles. Ein Vergleich der Bilder 121 und 122 zeigt, daß bei den nicht durchgehärteten Werkstücken die Härteunterschiede zwischen Rand und Kern nach der Ölabkühlung geringer sind als nach Wasserabschreckung.

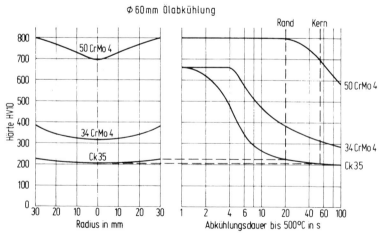

Bild 122: Darstellung entsprechend Bild 121 für Zylinder mit 60 mm Durchmesser und Ölabkühlung

Diese wenigen Beispiele zeigen, daß die Gefügeausbildung nach kontinuierlicher Abkühlung sehr stark von den Werkstückabmessungen, den gewählten Abkühlungsbedingungen und vor allem von dem Umwandlungsverhalten der Stähle abhängig ist. Neben den in den Bildern 121 und 122 dargestellten Änderungen der Härte über den Querschnitt ergeben sich auch Änderungen der übrigen mechanischen Eigenschaften.

Als Beispiel ist in _Bild 123_ für einen Stahl 50 CrMo 4 die Änderung der mechanischen Eigenschaften, wie sie im Zugversuch gemessen werden, in Abhängigkeit von der Abkühlungsdauer bis 500 °C dargestellt. Die bei den einzelnen Abkühlungsdauern entstehenden Gefüge können durch einen Vergleich mit Bild 120 ermittelt werden. Der bis zur Abkühlungsdauer von 20 s vorliegende Martensit hat die höchste Zugfestigkeit, jedoch die geringste Bruchdehnung und Brucheinschnürung. Die höchsten Werte für Bruchdehnung und Brucheinschnürung weist das ferritisch-perlitische Gefüge auf, das nach sehr langen Abkühlungsdauern entsteht, jedoch sind die Festigkeitswerte dieser

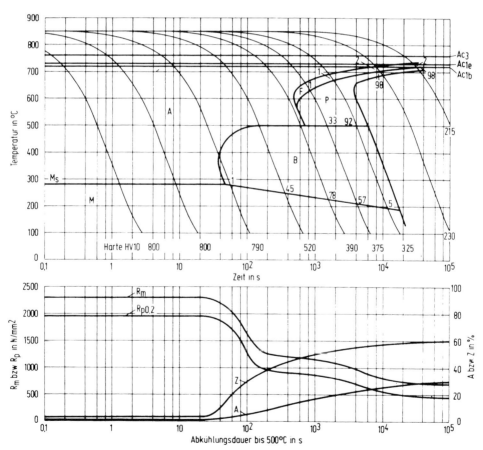

Bild 123: ZTU-Schaubild eines Stahles 50 CrMo 4 entsprechend Bild 120 mit der Darstellung der Werte von Zugproben, die entsprechend den angegebenen Abkühlungsdauern abgekühlt wurden. Austenitisiertemperatur 850 °C, Erwärmung auf Austenitisiertemperatur in 2 min, Austenitisierdauer 10 min

Gefüge merklich geringer als die des Martensits. Alle übrigen Gefüge liegen mit ihren Eigenschaften zwischen diesen Extremwerten. Die an Hand von Bild 122 beschriebenen Unterschiede in den Härtewerten des Stahles 50 CrMo 4 zwischen Rand und Kern von 100 HV 10 ergeben nach Bild 123 Unterschiede in der Streckgrenze von 1950 N/mm^2 am Rand zu 1700 N/mm^2 im Kern. Die Brucheinschnürung beträgt im Kern 20 %, am Rand 4 %. Bei gleicher Art der Abschreckung werden für einen Stahl die Eigenschaftsunterschiede zwischen Rand und Kern mit zunehmendem Durchmesser größer. Für schweißbare Stähle sind Eigenschaftsschaubilder wie in Bild 123 in einem Atlas zusammengestellt [Seyffarth 1982].

Durch die im folgenden beschriebenen Wärmebehandlungen des Normalglühens und des Härtens werden die oben genannten Extremwerte der Eigenschaftsbereiche gezielt angestrebt. Das anschließend beschriebene Vergüten stellt eine Wärmebehandlung dar, mit der man auf anderem Wege eine günstigere Kombination von Festigkeit und Zähigkeit erreichen kann, als es durch eine kontinuierliche Abkühlung möglich ist.

8.2 Wärmebehandlungen zum Einstellen des Verarbeitungszustandes

Im folgenden werden lediglich einige wichtige Wärmebehandlungen beschrieben, durch die ein für die nachfolgende Verarbeitung im kalten Zustand günstiger Gefüge- und Festigkeitszustand angestrebt wird. In der Regel werden die Teile nach der Bearbeitung durch eine erneute Wärmebehandlung auf die für die angestrebte Gebrauchseigenschaft erforderlichen Festigkeiten eingestellt. Dies wird in Abschnitt 8.3 beschrieben. In der Praxis ist diese Trennung jedoch nicht so scharf. So werden durchaus Teile in dem Zustand eingesetzt, in dem sie bearbeitet wurden, erhalten andere Teile durch die Verarbeitung die Gebrauchseigenschaft, wie z.B. patentiert gezogene Drähte. In der Beschreibung wird vor jeder Abkühlung ein Erwärmen der Werkstücke zur Bildung von Austenit angenommen. In vielen Fällen ist eine Abkühlung unmittelbar von der Warmformgebungstemperatur zur Einstellung des gewünschten Gefügezustandes möglich. In den folgenden Abschnitten kann daher nur an wenigen Beispielen die Anwendung der ZTA- und ZTU-Schaubilder für die Führung von Temperatur-Zeit-Folgen der Wärmebehandlung dargelegt werden. Weitere Wärmebehandlungsfolgen können dann nach den gleichen Prinzipien leicht beurteilt werden.

8.2.1 Normalglühen

Unter Normalglühen versteht man nach DIN 17014 ein „Austenitisieren und anschließendes Abkühlen an ruhender Luft". Im allgemeinen soll mit dieser Wärmebehandlung ein gleichmäßiges und feinkörniges Gefüge mit Ferrit und Perlit erzielt werden. Neben dem feinkörnigen Gefüge wird durch das Normalglühen gleichzeitig eine geringe Festigkeit erzielt. Daher werden viele Stähle im normalgeglühten Zustand bearbeitet.

Bei legierten Stählen und Werkstücken mit kleinen Durchmessern kann bei einer Luftabkühlung bereits ein Gefüge mit Anteilen von Bainit und Martensit und dementsprechend erhöhter Härte entstehen. Dies kann anhand der jeweiligen ZTU-Schaubilder abgeschätzt werden. In diesen Fällen muß die Abkühlung verzögert werden, wenn eine entsprechend geringe Härte erzielt werden soll. Falls hierfür unwirtschaftlich lange Abkühlungsdauern erforderlich sind, wird für diese Stähle ein

Weichglühen (vgl. Abschnitt 8.2.2) oder ein Anlassen nach dem „Normalglühen" vorgezogen.

Da mit dem Normalglühen eine Austenitisierung verbunden ist, wird bei richtiger Austenitisierung ein feines Austenitkorn und damit bei der anschließenden Umwandlung auch ein feinkörniges Umwandlungsgefüge erreicht. Damit bietet das Normalglühen die Möglichkeit, grobkörnige Gefüge zu verfeinern. Dies wird u.a. angewendet bei der Wärmebehandlung von Gußteilen, die unmittelbar von der Erstarrungstemperatur auf Raumtemperatur abkühlen und daher meist ein grobes Korn aufweisen. Bei technischen Fertigungen kann es auch aus anderen Gründen erforderlich sein, Werkstücke in den Temperaturbereich der Grobkornbildung des Austenits zu erwärmen. In diesem Fall kann ebenfalls durch ein Normalglühen wieder ein feinkörniges Umwandlungsgefüge eingestellt werden.

Ein Werkstück mit 60 mm Durchmesser kühlt am Rand nach Bild 116 an Luft in rd. 600 s von 800 °C bis 500 °C ab. Ist ein derartiges Werkstück aus einem Stahl Ck 45 gefertigt, so erreicht nach Bild 95 das Gefüge aus 50 Vol.-% Ferrit und 50 Vol.-% Perlit eine Härte von 200 HV 10. Der Kern, der in rd. 800 s von 800 °C auf 500 °C abkühlt, hat praktisch die gleichen Werte. Wird das Werkstück aus einem Stahl 50 CrMo 4 gefertigt, so entsteht nach Bild 120 im Kern ein Gefüge aus 80 Vol.-% Bainit und 20 Vol.-% Martensit mit einer Härte von 390 HV 10. Auch bei diesem Stahl sind die Gefüge- und Härteunterschiede zwischen Rand und Kern nur gering, doch wird durch die Luftabkühlung eine für die weitere Verarbeitung in vielen Fällen zu hohe Härte erreicht. In diesem Fall wäre ein Weichglühen vorzuziehen.

8.2.2 Weichglühen und Glühen auf kugelige Carbide

Das Weichglühen dient vor allem bei Werkzeugstählen dazu, für die Bearbeitung der Werkstücke die Härte herabzusetzen. Bei Stählen mit hohen Kohlenstoffgehalten ist dies durch ein Normalglühen meist nicht ausreichend gewährleistet (vgl. Abschnitt 8.2.1), da die Werkzeugstähle vielfach zu umwandlungsträge sind. Zusätzlich wird durch das Weichglühen die Kaltumformbarkeit von Stählen verbessert. Die dem Gleichgewicht entsprechende Form von Teilchen in einer Grundmasse ist in der Regel die Kugel. Die z.B. bei der Umwandlung zu Perlit entstandenen Carbidplatten nähern sich während einer langen Glühung bei der Temperatur der Perlitbildung der Kugelform. Dabei bleibt das Mengenverhältnis von Ferrit zu Carbid unverändert. Die Härte einer lamellaren Anordnung von Ferrit und Carbid, Bilder 54 und 56, ist jedoch größer als die von kugeligem (in der Praxis meist polyedrischem, d.h. „eckigem") Carbid in Ferrit, Bild 53. Hierauf beruht die Wirkung des Weichglühens, das anhand der erreichten Härte beurteilt wird. Für Werkzeugstähle ist die Form der Carbide von Bedeutung, die nach der Austenitisierung als ungelöste Carbide bestehen bleiben, vgl. Bilder 112 und 113a. Durch eine Glühung auf kugelige Carbide wird dieses Gefüge erreicht. Eine so weitgehende Einformung der Carbide wie in Bild 53 ist für die Praxis allerdings vielfach unnötig aufwendig. In der Regel genügt es, wenn die Carbide so weit eingeformt sind, daß sie rundlich bis strichförmig sind, *Bild 124*. Das Ausmaß der Einformung wird anhand des Gefüges beurteilt. Da ein Weichglühen von Stählen mit Kohlenstoffgehalten oberhalb von 0,35 Massenprozent ähnliche Wärmebehandlungen wie ein Glühen auf kugelige Carbide erfordert, werden im folgenden beide Behandlungen gemeinsam besprochen. Die Unterschiede liegen vor allem in den Glühdauern zum Erreichen der geforderten Werte.

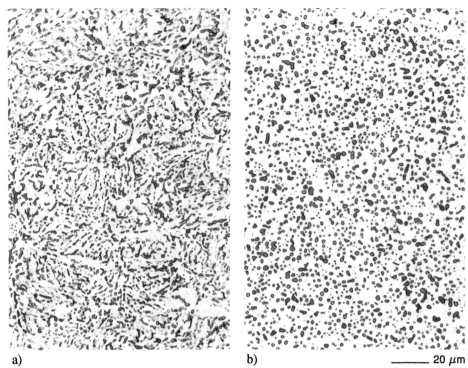

a) b) ———— 20 μm

<u>Bild 124</u>: *Gefüge eines Stahles C 130 nach Glühen auf kugelige Carbide. a) 970 °C 15 min / Öl + 700 °C 24 h / Luft. b) 970 °C 15 min / Öl + 735 °C ± 25 °C, 6 x gependelt in 7 h / 717 °C 17 h / Luft Ätzung: Na-Pikrat*

Untereutektoidische Stähle

Die Einformung der Carbide läuft um so schneller, je höher die Glühtemperatur ist. Untereutektoidische Stähle werden daher kurz unter der Temperatur Ac_{1b} weichgeglüht. Die anschließende Abkühlung ist beliebig. Bei der Durchführung ist darauf zu achten, daß die höchste Temperatur des Ofens noch unter Ac_{1b} liegt. Da die Glühzeit mehrere Stunden beträgt, werden Teile des Werkstückes, deren Temperatur oberhalb von Ac_{1b} liegt, so austenitisiert, daß sie z.B. bei einer anschließenden Luftabkühlung perlitisch umwandeln, diese Bereiche sind dann nicht weichgeglüht.

Nach den Bildern 35 bis 38 führt bei einem Stahl Ck 45 eine Austenitisierung bei 760 °C und Haltedauern unter 10^4 s zu einem Gefüge aus Ferrit, Carbid und Austenit. Kühlt man aus diesem Bereich sehr langsam ab und hält dann isothermisch bei einer Temperatur kurz unter Ac_{1b}, <u>Bild 125</u>, so wachsen die ungelösten Carbide wie bei einem übereutektoidischen Stahl weiter an. Der verbleibende Austenit wird dadurch so kohlenstoffarm, daß kein Perlit mehr entstehen kann: Es bildet sich ein Gefüge aus kugeligem Carbid und Ferrit. Das in Bild 125 dargestellte ZTU-Schaubild entspricht nicht dem üblichen, sondern gilt für die gewählte Austenitisierung in dem Dreiphasengebiet. Unter diesen Bedingungen entsteht das als Ferrit plus Carbid bezeichnete Gefüge aus weitgehend kugeligem Carbid und Ferrit. Der Übergang zu den perlitischen Gefügen, die bei erhöhten Abkühlungsgeschwindigkeiten entstehen, ist fließend.

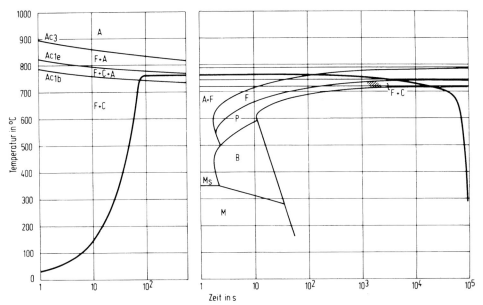

Bild 125: Schematische Darstellung eines Weichglühens oder Glühens auf kugelige Carbide untereutektoidischer Stähle durch Austenitisieren in dem Drei-Phasengebiet Ferrit + Carbid + Austenit mit anschließender isothermischer Rückumwandlung. F + C: Gemenge aus Ferrit und eingeformten Carbiden

Voraussetzung für dieses Weichglühen durch isothermische Rückumwandlung ist, daß der Temperaturunterschied zwischen Ac_{1b} und Ac_{1e} groß genug ist, um eine entsprechende Temperatur-Zeit-Führung mit den vorhandenen Ofenanlagen zu ermöglichen. Nach Ende der isothermischen Haltedauer sollte langsam auf etwa 500 °C abgekühlt werden, damit evtl. noch nicht umgewandelter Austenit bis zu dieser Temperatur noch umwandeln kann. Diese Vorsichtsmaßnahme kann erforderlich sein, um Schwankungen in dem Umwandlungsverhalten einzelner Schmelzen auszugleichen. Anschließend kann beliebig abgekühlt werden.

Übereutektoidische Stähle

Bei übereutektoidischen Stählen besteht durch eine Glühung zwischen Ac_{1e} und Ac_{cm} in einem großen Temperaturbereich die Möglichkeit, ein Gefüge aus Austenit und ungelösten Carbiden einzustellen, Bild 43. Bei einer anschließenden langsamen Abkühlung unter Ac_{1b} wachsen die Carbide an, eine isothermische Rückumwandlung, wie bei den untereutektoidischen Stählen, ist jedoch nur bei Temperaturen möglich, die wenige Grad unter Ac_{1b} liegen, da der Austenit immer noch so kohlenstoffreich ist, daß bei niedrigen Temperaturen Perlit entstehen kann. Aus diesem Grund ist es meist wirtschaftlicher, mehrfach zwischen Temperaturen über Ac_{1e} und unter Ac_{1b} zu pendeln, *Bild 126*. Dadurch wachsen die großen Carbide bevorzugt an. Die Gefahr, daß bei der endgültigen Abkühlung Perlit entsteht, kann zusätzlich verringert werden, wenn vor der letzten Abkühlung nur kurz über Ac_{1e} erwärmt wird. Auch bei dieser Glühung sollte bis unter 500 °C langsam abgekühlt werden, um sicherzustellen, daß bei einer anschließenden schnellen Abkühlung kein Austenit mehr vorliegt, der dann noch zu Martensit umwandeln kann.

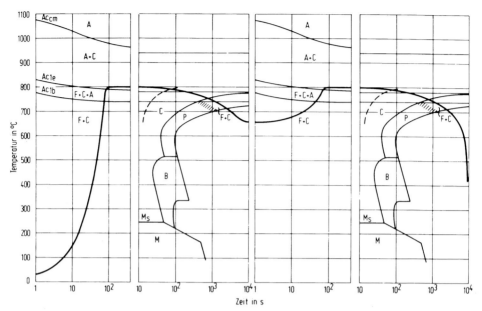

Bild 126: Schematische Darstellung eines Weichglühens oder Glühens auf kugelige Carbide übereutektoidischer Stähle durch Pendelglühen. Dargestellt sind lediglich zwei Austenitisierungen und zwei Umwandlungen. F + C: vgl. Bild 125

Eine weitere Möglichkeit des Weichglühens besteht in einem Härten und Anlassen, d.h. in einem „Vergüten" bei Temperaturen kurz unter Ac_{1b}, vgl. Abschnitt 8.3.2. Bei dieser Wärmebehandlung wird die gleichmäßigste Anordnung kugeliger bzw. eckiger Carbide erreicht, Bild 53. Dies ist auch bei den auf niedrige Temperatur angelassenen Gefügen, Bild 79 c, zu erkennen. Der Aufwand für diese Art des Weichglühens ist jedoch höher als für die oben beschriebenen Verfahren, so daß diese Wärmebehandlung nur in wenigen Fällen wirtschaftlich gerechtfertigt sein dürfte. Darüber hinaus würde eine Durchhärtung bei einigen Stählen zu Rissen führen. Die in den Bildern 112 und 113 erkennbaren ungelösten Carbide sind durch ein Glühen auf kugelige Carbide vor dem Härten gebildet worden.

8.2.3 Grobkornglühen

Es wurde bereits erwähnt, daß ein grobes Korn ungünstige Zähigkeitseigenschaften zur Folge hat. Dies macht man sich zum Teil zunutze bei der Verbesserung der Zerspanungseigenschaften. Beim Zerspanen wird ein kurz abbrechender Span angestrebt, damit die Maschinen von den Spänen nicht zugesetzt werden. Diese Späne entstehen bei spröden Werkstoffen oder bei Werkstoffen, bei denen durch einen erhöhten Gehalt an nichtmetallischen Einschlüssen (Automatenstähle) ein kurzes Spanabbrechen erreicht wird. Durch ein Grobkornglühen im Bereich von Austenitisierungsbedingungen, die nach Bild 38 zu einem groben Austenitkorn führen, wird bei anschließender langsamer Abkühlung ein ebenfalls grobes ferritisch-perlitisches Gefüge erreicht, das eine geringe Festigkeit aufweist, aber nur geringe Zähigkeit hat und damit beim Zerspanen die gewünschte Eigenschaftskombination liefert. Vor der Auslieferung müssen die Teile dann allerdings beim Vergüten oder durch ein Normalglühen so austenitisiert und abgekühlt werden, daß ein feinkörniges Umwandlungsgefüge entsteht. Bei Feinkornstählen ist es entsprechend Bild 48 nur bei sehr hohen Temperaturen möglich, ein einheitlich grobes Korn zu erzeugen.

8.2.4 Patentieren

Das Patentieren wird im allgemeinen bei Werkstoffen angewendet, die zu Drähten verarbeitet werden. Man strebt ein Gefüge aus sehr feinstreifigem Perlit an, das trotz relativ hoher Streckgrenze hervorragende Zieheigenschaften hat. Durch Ziehen von patentierten Drähten kann man auf diese Weise sehr hochfeste Drähte herstellen, vgl. Abschnitt 7.2. Die guten Zieheigenschaften werden erreicht, wenn ein feinlamellarer Perlit mit sehr dünnen Zementitlamellen gebildet wird. Dieser Perlit hat wegen der sehr feinen Verteilung von Ferrit und Carbid gute Verformungseigenschaften. Die günstigste Temperatur für das Patentieren ist nach dem ZTU-Schaubild für isothermische Umwandlung durch die niedrigste Temperatur gegeben, bei der noch kein Bainit entsteht. Nach *Bild 127* wären dies 515 °C. Entsprechend der Regelgenauigkeit der verwendeten Öfen oder Bäder muß die Temperatur bei technischen Wärmebehandlungen etwas oberhalb dieser unteren Grenztemperatur liegen. Vielfach können aber auch geringe Anteile an Bainit zugelassen werden, so daß die Umwandlungstemperatur in den Bereich der höchsten Umwandlungsgeschwindigkeit gelegt werden kann. Nach Abschluß der Perlitbildung kann von der Patentiertemperatur beliebig abgekühlt werden, da keinerlei Austenit mehr vorhanden ist, der noch umwandeln könnte. Man wird eine langsame Abkühlung bevorzugen, um nicht unnötige Wärmespannungen in dem Draht zu erzeugen.

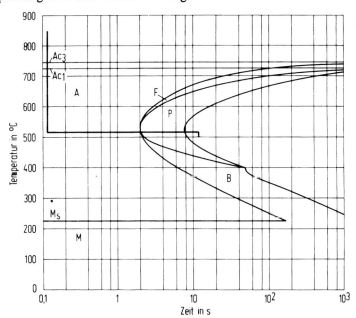

Bild 127: ZTU-Schaubild für isothermische Umwandlung (schematisch) mit eingezeichneter idealer Temperatur-Zeit-Führung einer Patentierung

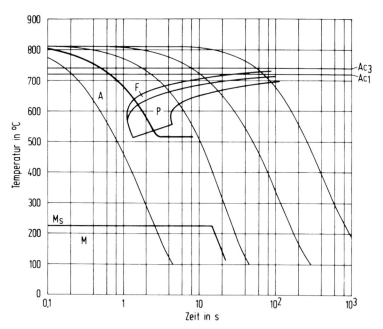

Bild 128: ZTU-Schaubild für kontinuierliches Abkühlen (schematisch) mit eingezeichnetem Temperatur-Zeit-Verlauf für die Abkühlung eines Drahtes von 10 mm Durchmesser in einem Umwandlungsbad

Bei der Anwendung der ZTU-Schaubilder für isothermische Umwandlung auf das Patentieren ist darauf zu achten, daß diese Schaubilder mit dünnen Plättchen aufgenommen wurden. Nach Bild 116 kühlt ein Draht mit 10 mm Durchmesser bei Wasserabkühlung im Kern in 3 s auf 500 °C. Bei einer isothermischen Umwandlung bei 515 °C entsprechend Bild 127 in einem Bleibad ist mit einer Einlaufzeit in gleicher Größenordnung zu rechnen. Dies bedeutet für das angenommene Beispiel, nach *Bild 128*, daß der Draht bereits **vor** Erreichen der Umwandlungstemperatur weitgehend umgewandelt ist. Das Gefüge enthält voreutektoidischen Ferrit neben groblamellarem Perlit. Beides wirkt sich in der Regel ungünstig auf die Zähigkeitseigenschaften aus. Für ein einwandfreies Patentieren dieses Querschnittes müßte ein umwandlungsträger Stahl gewählt werden.

Dieses Beispiel zeigt, daß für Wärmebehandlungen, die eine Temperatur-Zeit-Führung enthalten, die nicht durch ein ZTU-Schaubild beschrieben wird, vgl. Bild 50, durch Vergleich der Schaubilder für kontinuierliche Abkühlung und isothermische Umwandlung wesentliche Hinweise für die Wärmebehandlung gewonnen werden können, vgl. hierzu auch Abschnitt 9.3.

8.3 Wärmebehandlungen zum Einstellen der Gebrauchseigenschaften

8.3.1 Härten

Unter Härten versteht man nach DIN 17014 ein „Austenitisieren und Abkühlen unter solchen Bedingungen, daß eine Härtezunahme durch mehr oder weniger vollständige Umwandlung des Austenits in Martensit und gegebenenfalls Bainit erfolgt."

Soll ausschließlich Martensit entstehen, muß so schnell abgekühlt werden, daß die Umwandlungen zu Ferrit, Perlit und Bainit nicht ablaufen können. Nach Bild 95 würde dies für den Stahl Ck 45 bedeuten, daß der Kern eines Werkstückes in weniger als 1,4 s auf 500 °C abgekühlt werden muß. Dies ist nach Bild 116 mit Wasserabschreckung nur bei Durchmessern unter 10 mm möglich. Soll ein Werkstück mit 30 mm Durchmesser im Kern martensitisch werden, muß ein umwandlungsträgerer Stahl verwendet werden. Im Vergleich zum Stahl Ck 45, Bild 95, ist der Stahl 50 CrMo 4 wegen der erhöhten Gehalte an Chrom, Molybdän und Kohlenstoff umwandlungsträger, Bild 120. Beim Abschrecken eines Rundbolzens von 30 mm Durchmesser aus dem Stahl 50 CrMo 4 in Wasser werden nach den Bildern 120 und 121 Rand und Kern martensitisch. Mit Hilfe der ZTU-Schaubilder kann auf diese Weise festgelegt werden, unter welchen Bedingungen ein Stahl durchhärtet, d.h. bis zum Kern martensitisch wird. Bei untereutektoidischen Stählen ist das Härten in der Regel lediglich die erste Stufe einer Vergütung und wird daher im Abschnitt 8.3.2 näher beschrieben. Übereutektoidische Stähle werden als Werkzeugstähle ebenfalls vergütet, wenn auch die Anlaßtemperatur bei den unlegierten Werkzeugstählen meist nur bei 100 °C oder 200 °C liegt und in der Praxis vielfach nur von „Härten" gesprochen wird. Auch für diese Stahlgruppe wird daher das Problem der „Durchhärtung" in Abschnitt 8.3.2 besprochen.

Aus Bild 121 geht hervor, daß ein unlegierter Stahl - z.B. Ck 35 - je nach Abmessung auch bei Wasserabschreckung an der Oberfläche evtl. nicht die größtmögliche Härte erreicht. In diesen Fällen genügen geringe - durch Seigerungen verursachte - Unterschiede in der chemischen Zusammensetzung oder geringe, lokale Änderungen der Abkühlwirkung des Kühlmediums - verursacht z.B. durch eine längere Zeit haftende Dampfblase -, um die Härte deutlich absinken zu lassen. Diese lokalen weichen Stellen werden als Weichfleckigkeit bezeichnet. Zur Vermeidung muß entweder schneller abgekühlt oder ein etwas höher legierter Stahl verwendet werden.

8.3.2 Vergüten

Unter Vergüten versteht man nach DIN 17014 ein Härten mit anschließendem Anlassen, d.h. Wiedererwärmen. Es dient der Verbesserung der Zähigkeit bei einer gewünschten Festigkeit. Bei gleicher Streckgrenze oder gleicher Zugfestigkeit hat ein und derselbe Werkstoff in vergütetem Zustand eine bessere Zähigkeit als in allen anderen möglichen Gefügezuständen. In *Bild 129* ist der Temperatur-Zeit-Verlauf einer Vergütung - zur Vereinfachung mit einem durchgehenden Zeitmaßstab - dargestellt. Die Farbgebung entspricht jedoch den Bereichen des ZTA-, ZTU- und Anlaß-Schaubildes. Die eingetragene weiße Linie kennzeichnet nur einen von vielen möglichen Temperatur-Zeit-Verläufen.

Nach der Austenitisierung wird so schnell abgekühlt, daß möglichst bis zum Kern des Werkstückes Martensit entsteht. Bis zu welchen Querschnitten dies für einen vorgegebenen Stahl möglich ist, geht aus Bild 116 in Verbindung mit dem jeweiligen ZTU-Schaubild hervor. Bei Teilen mit unregelmäßigen Formen wie Absätzen, Bohrungen und anderen Querschnittsänderungen ist eine Wasserabkühlung wegen der Rißgefahr nicht möglich (vgl. Abschnitt 8.4). Umwandlungsträge Stähle, die auch bei langsamer Abkühlung im Kern noch martensitisch umwandeln, sind wegen der erforderlichen hohen Legierungsgehalte sehr teuer. Aus diesem Grund müssen in der Praxis

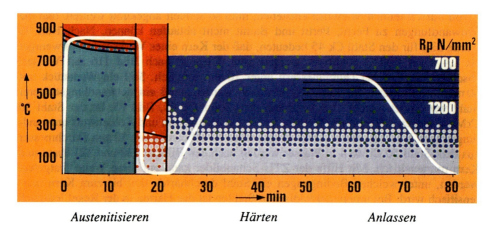

Austenitisieren   Härten   Anlassen

<u>Bild 129:</u> *Temperatur-Zeit-Verlauf einer Vergütung (schematisch). Die beiden linken Bildteile entsprechen Bild 94. Rot: Austenit, blau: Ferrit, grün: Zementit, blaugrün: Perlit, hellblau: Bainit, blauviolett: Martensit. Die Zeit ist durchlaufend gezählt*

vielfach Kompromisse in der Form geschlossen werden, daß man entsprechend den Bildern 121 und 122 darauf verzichtet, bis in den Kern ein martensitisches Gefüge einzustellen. Man begnügt sich vielfach damit, so schnell abzukühlen, daß die Festigkeit im Kern nach dem Abschrecken höher liegt, als sie nach der Vergütung angestrebt wird. Nach DIN 17014 wird daher für das Härten angegeben, daß „der Austenit mehr oder weniger vollständig in Martensit und gegebenenfalls Bainit" umwandelt. In diesen Fällen wird nicht die größtmögliche Zähigkeit entsprechend der eingestellten Streckgrenze erreicht. Es ist daher zu prüfen, ob die verminderte Zähigkeit den Anforderungen im Gebrauch genügt, was vielfach gewährleistet ist.

Zum Vergüten werden die Werkstücke nach dem Härten auf Temperaturen zwischen 450 °C und 650 °C angelassen. Wird Martensit über seine Bildungstemperatur hinaus erwärmt, so scheidet sich der beim Abschrecken zwangsweise im Gitter festgehaltene Kohlenstoff in Form von sehr feinen und sehr gleichmäßig verteilten Carbiden aus. Vielfach sind diese Vergütungsgefüge so fein, daß sie lichtoptisch nicht aufgelöst werden können, vgl. Bild 79. Erst im Elektronenmikroskop werden die einzelnen Carbide erkennbar, <u>Bild 130</u>. Ein Vergleich von Bild 130a mit Bild 76 zeigt, daß im Schliffbild ein bei niedriger Temperatur gebildeter Bainit meist nicht von einem angelassenen Martensit unterscheidbar ist. Dementsprechend sind auch die mechanischen Eigenschaften der beiden Gefüge sehr ähnlich.

Bei der vielfach üblichen Haltedauer beim Anlassen von 1 bis 2 Stunden ist die erreichte Festigkeit nur abhängig von der gewählten Anlaßtemperatur. Auf diese Weise können mit demselben Stahl unterschiedliche Festigkeitsstufen eingestellt werden. In <u>Bild 131</u> sind für einen Stahl 50 CrMo 4 die in einem Zugversuch ermittelten Werte in Abhängigkeit von der Anlaßtemperatur dargestellt, wenn die Proben so abgekühlt werden, daß Rand und Kern martensitisch umwandeln. Die Ausgangswerte bei einer Anlaßtemperatur von 20 °C entsprechen denen in Bild 123 nach einer

Wärmebehandlungen zum Einstellen der Gebrauchseigenschaften 129

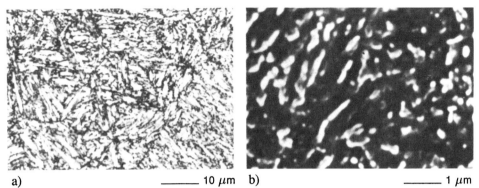

a) ——— 10 μm b) ——— 1 μm

Bild 130: Vergütungsgefüge eines Stahles Ck. 45. 900 °C 15 min/Wasser + 500 °C 1 h/Luft. Ätzung: Pikrinsäure + HCl. a) Aufnahme mit einem Lichtmikroskop. Die Carbide (schwarz) und der Ferrit (weiß) sind nicht eindeutig zu trennen, so daß lediglich unterschiedliche Grautöne erkennbar sind. b) Aufnahme mit einem Rasterelektronenmikroskop. Weiß: Carbide, schwarz: Ferrit

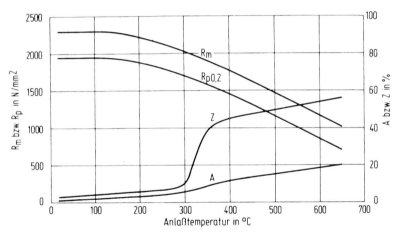

Bild 131: Eigenschaften eines Stahles 50 CrMo 4 nach Abschrecken zu Martensit in Abhängigkeit von der Anlaßtemperatur

Abkühlung mit einer Abkühlungsdauer bis 500 °C kleiner als 20 s. Mit zunehmender Anlaßtemperatur fallen Streckgrenze und Zugfestigkeit ab, oberhalb von 300 °C nehmen Bruchdehnung und Brucheinschnürung merklich zu. In *Bild 132* sind die Bruchflächen von drei unterschiedlich vorbehandelten Zugproben miteinander verglichen. Die rechte Probe ist martensitisch, sie hat die höchste Zugfestigkeit und Streckgrenze, jedoch die geringste Bruchdehnung und Brucheinschnürung, wie nach Bild 82 zu erwarten. Wird eine Probe nach der Austenitisierung in 200 s von 850 °C bis 500 °C abgekühlt, so erreicht sie eine Streckgrenze von 900 N/mm^2 bei einer Brucheinschnürung von 28 %. Wird die martensitisch abgeschreckte Probe anschließend 30 Minuten bei 585 °C angelassen, so hat sie ebenfalls eine Streckgrenze von 900 N/mm^2. Die Brucheinschnürung beträgt jetzt jedoch 58 %, sie ist deutlich höher als nach der kontinuierlichen Abkühlung. Dieses Beispiel ist kennzeichnend für

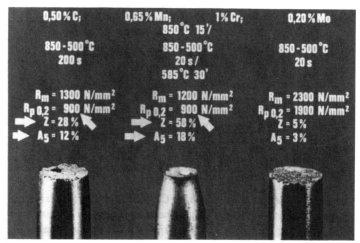

Bild 132: Vergleich von mechanischen Eigenschaften eines Stahles 50 CrMo 4 nach 3 unterschiedlichen Wärmebehandlungen

Vergütungsgefüge: Nach einem Vergüten haben alle Stähle ein günstigeres Verhältnis von Festigkeit und Zähigkeit als nach kontinuierlicher Abkühlung. Dies zeigt auch ein Vergleich der Kerbschlagzähigkeitstemperaturkurven eines Stahles 50 CrMo 4 in verschiedenen Zuständen, *Bild 133*. Nach einem Vergüten sind bei gleicher Zugfestigkeit die Kerbschlagzähigkeiten wesentlich günstiger als nach kontinuierlicher Abkühlung. Vergleicht man die Streckgrenze, so haben die Zustände 1-3 mit den höchsten Streckgrenzen gleichzeitig die größte Kerbschlagzähigkeit.

Kurven entsprechend Bild 131 sind in DIN 17200 für die Vergütungsstähle zusammengestellt. Sie gelten jedoch nur für eine ausreichende Durchhärtung. Treten im Kern große Anteile an nichtmartensitischen Gefügen auf, ist mit einem Verlust an Zähigkeit gegenüber dem angelassenen Martensit zu rechnen. Die Angaben über die Zähigkeiten in den Normen gelten daher in der Regel für Durchmesser bis zu 60 mm. In DIN 17200 sind Werkstoffe zusammengestellt, die bei vorgegebenen Durchmessern nach Vergüten eine gewünschte Streckgrenze bei ausreichender Zähigkeit gewährleisten.

Übereutektoidische Stähle werden in der Regel als Werkzeugstähle eingesetzt und sind daher einer verschleißenden Beanspruchung ausgesetzt. Das Werkstück muß deshalb eine möglichst hohe Härte aufweisen. Zusätzlich wird der Verschleiß durch die ungelösten Carbide vermindert. Die höchste Härte eines Stahles hat der Martensit, doch ist die Zähigkeit dieses Gefüges sehr gering, vgl. Bild 132. Daher muß man vielfach einen Kompromiß zwischen der gewünschten Härte und der erforderlichen Zähigkeit suchen. Werkzeugstähle werden grundsätzlich vergütet. Die niedrigste Anlaßtemperatur liegt bei 100 °C, da bei dieser Temperatur die Festigkeit unverändert bleibt, die Zähigkeit aber schon verbessert wird. Werden im Gebrauch hohe Zähigkeitswerte verlangt, muß auf Temperaturen über 100 °C angelassen werden. Wie bei den untereutektoidischen Stählen kann das Vergütungsgefüge lichtmikroskopisch nicht aufgelöst werden, *Bild 134*. Nach Bild 111 muß zur Bildung von Martensit ein Rundbolzen aus einem Stahl C 100 im Kern innerhalb von 0,4 s auf 500 °C abgekühlt sein, was nach Bild 116 nur bei Abmessungen unter 10 mm Durchmesser

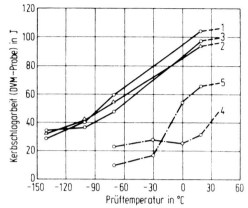

Bild 133: Vergleich der Kerbschlagzähigkeitstemperaturkurven von Proben unterschiedlicher Wärmebehandlung eines Stahles 50 CrMo 4. [Rose et. al. 1971]

Kurve	Wärmebehandlung		Gefüge	0,2%-Dehngrenze	Zugfestigkeit	Härte
	Abkühlung nach Austenitisieren 830°C, 20 min	Anlaßbehandlung		$R_{p\,0,2}$ N/mm^2	R_m N/mm^2	HV 10
1	in Wasser	635°C 2 h/Luft	angelassener Martensit	940	1030	325
2	in Öl	"	"	930	1030	322
3	in 10^3 s auf 310°C/Luft	620°C 2 h/Luft	angelassener Bainit	895	1025	321
4	in 10^5 s auf 500°C/Luft	–	Bainit	770	1010	307
5	in 1200 s auf 650°C/Luft	–	5% Ferrit + 95% Perlit	665	1010	305

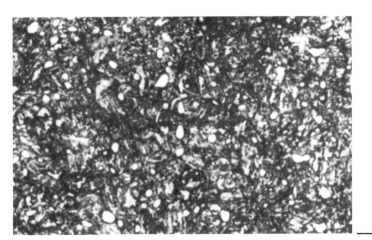

Bild 134: Vergütungsgefüge eines Stahles C 100. Ungelöste Carbide (weiß) und angelassener Martensit. 850°C 10 min/Wasser + 150°C 1 h/Luft. Ätzung: Pikrinsäure + HCl

möglich ist. Größere Abmessungen härten nur an der Oberfläche, was für die weitere technische Anwendung vielfach ausreichend ist, da verschleißende Beanspruchungen nur an der Oberfläche wirken. Aus diesem Grunde können einfache Werkzeuge aus unlegierten Stählen gefertigt werden, obwohl diese Teile nicht durchhärten. Zu beachten ist jedoch, daß derartige Teile nur nachgeschliffen werden können, bis die gehärtete Schicht abgetragen ist. Eine weitere Aufarbeitung ist dann nur durch erneutes Vergüten möglich. Insbesondere bei legierten Stählen können beim Anlassen im Temperaturbereich um 300°C sowie um 470°C Versprödungen auftreten, auf die hier aber nicht eingegangen werden soll [Hougardy 2 1984].

8.4 Durch Wärmebehandlung verursachte Spannungen

8.4.1 Die Entstehung von Spannungen

In vielen Fällen werden Möglichkeiten, Gefüge durch Wärmebehandlung zu erzeugen, durch die mit der Abkühlung verbundenen Spannungszustände begrenzt. Die Entstehung und Ausbildung der Spannungen ist an anderer Stelle ausführlich beschrieben [Hougardy und Wildau 1985]. Im Rahmen dieses Buches sollen lediglich einige Hinweise gegeben werden, die zum Verständnis der Ursachen der Spannungsentstehung beitragen sollen. In <u>Bild 135</u> ist der Temperatur-Zeit-Verlauf in Rand und Kern eines Rundquerschnittes von 35 mm Durchmesser bei Wasserabkühlung dargestellt. Nach einer Kühldauer von 20 s besteht ein Temperaturunterschied von 350°C zwischen Rand und Kern. Aus Bild 6 sowie Bild 93 geht hervor, daß mit sinkender Temperatur die Länge einer Probe - als Maß für die Änderung des Volumens - abnimmt. Die in Bild 135 dargestellten Temperaturunterschiede zwischen Rand und Kern entsprechen daher Volumenunterschieden. Legt man nach Bild 135 einen Temperaturunterschied zwischen Rand und Kern von 350°C zugrunde, so ergibt sich für einen umwandlungsfreien austenitischen Stahl nach Tafel 2 unter Annahme eines austenitischen Zustandes ein Längenunterschied zwischen Rand und Kern von 0,8 %. Diese Längenunterschiede

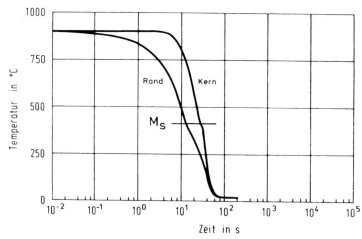

<u>Bild 135:</u> *Abkühlungsverlauf in Rand und Kern eines Zylinders mit 35 mm Durchmesser bei Abschreckung in Wasser. Stahl 50 CrV 4 mit einer M_s-Temperatur von 420°C*

bzw. Volumenunterschiede zwischen Rand und Kern eines Werkstückes können die bei hohen Temperaturen nur niedrige Fließgrenze des Werkstoffes übersteigen und damit zu plastischen Verformungen, z. B. einer Verlängerung des Randes gegenüber dem Kern, führen. Diese Verformungen bleiben während der weiteren Abkühlung auf Raumtemperatur erhalten und führen damit zu Volumenunterschieden zwischen Rand und Kern, wodurch Spannungszustände erzeugt werden. In ungünstigen Fällen können bei erhöhter Temperatur die Spannungen bereits so groß werden, daß Risse entstehen.

Die in Bild 93 wiedergegebene Dilatometerkurve zeigt, daß mit der Umwandlung zusätzliche Volumenänderungen auftreten, welche die Höhe und die Art der Spannungen erheblich beinflussen. Aus Bild 135 geht hervor, daß Rand und Kern in Abhängigkeit von der Zeit sehr unterschiedlich die Umwandlungsgebiete durchlaufen.

Die bei Raumtemperatur, nach Ausgleich aller Temperaturunterschiede über den Querschnitt, vorliegenden Spannungen werden als Eigenspannungen bezeichnet. In *Bild 136* werden die Eigenspannungen, die in Längsrichtung eines Zylinders von 30 mm Durchmesser auftreten, dargestellt. Die zugrunde gelegte Wärmebehandlung ist Austenitisieren bei 30 °C bis 50 °C oberhalb Ac_3 und Abschrecken in 10%iger Kochsalzlösung. Ein durchgehärteter Zylinder hat nach der Abkühlung unter diesen Bedingungen an der Oberfläche Zugeigenspannungen, im Kern Druckeigenspannungen. Daher sind derartige Teile empfindlich gegen Riefen und Kerben an der Oberfläche, von denen leicht Risse in die unter Zugspannungen stehende oberflächennahe Zone laufen können. Durch das mit dem Vergüten verbundene Anlassen werden die Eigenspannungen abgebaut. Randschichtgehärtete Teile haben in der Regel an der Oberfläche Druckeigenspannungen, im Kern Zugeigenspannungen. Derartige Werkstücke sind daher nicht so empfindlich gegen Riefen und Risse an der Oberfläche, da ein Riß sich in dem oberflächennahen Bereich unter Druckspannungen nicht ausbreiten kann. Dies wird erst dann möglich, wenn durch eine äußere Belastung in der Oberfläche Zugspannungen entstehen.

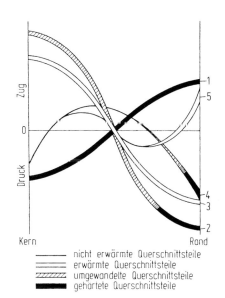

Bild 136:
Eigenspannungsverlauf über den Querschnitt in der Mitte eines Zylinders von 30 mm Durchmesser nach unterschiedlicher Abkühlung von 850 °C.
1: Durchhärtung, 2: Schalenhärtung, 3: umwandlungsfreie Stähle (Austenite, Ferrite) 4 und 5 Erwärmung nur an der Oberfläche, 4: Randschichthärten, 5: umwandlungsfreie Stähle [Rose 1966]

Die bei Raumtemperatur vorliegenden Volumenunterschiede zwischen einzelnen Querschnittsteilen und die dadurch verursachten Eigenspannungen sind auch die Ursache für den Verzug von Werkstücken, d.h. den Unterschied in der Werkstückform vor und nach einer Wärmebehandlung. In *Bild 137* ist für einen Zylinder angegeben, wie sich nach Berechnungen seine Form in Abhängigkeit von dem Umwandlungsverhalten ändert. Zugrunde gelegt ist wieder ein Zylinder von 30 mm Durchmesser, von 850°C abgeschreckt in 10%iger Kochsalzlösung. Die Umwandlung in der Perlitstufe (Form a) wurde bei einer reinen Eisen-Kohlenstoff-Legierung erzielt, die Durchhärtung (Form d) z.B. bei einem Stahl 50 CrV 4 oder 50 CrMo 4 (vgl. Bild 120). Die übrigen Formen entstehen bei Einsatz von Stählen mit zunehmender Einhärtung. Zur Berechnung dieser Vorgänge vgl. Abschnitt 9.3. Die Höhe der Spannungen und die Gefahr von Rissen wird durch eine Verringerung des Temperaturunterschiedes zwischen Rand und Kern während der Abkühlung, d.h. geringe Abkühlungsgeschwindigkeiten, vermindert. Soll dennoch Durchhärtung erzielt werden, erfordert dies nach Abschnitt 8.1 die Verwendung höher legierter Stähle. Eine andere Möglichkeit ist die Warmbadhärtung, vgl. Abschnitt 8.4.2.

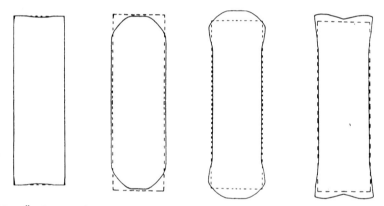

Bild 137: Änderung der Form eines Zylinders mit 30 mm Durchmesser und 100 mm Länge nach Abschrecken in 10 %iger Kochsalzlösung von 850°C. Die Formänderung ist stark überhöht dargestellt. a) Fe-C-Legierung, die über den gesamten Querschnitt nur Perlit bildet. b) Unlegierter Stahl, der bis zu 25 mm vom Rand Martensit bildet. c) Legierter Stahl, der bis zu einem Abstand von 50 mm von der Oberfläche Martensit bildet. d) Durchhärtender Stahl 50 CrV 4. [Wildau und Hougardy 1987]

Durch ungeeignete Abkühlung eines Werkstückes können die Spannungen zusätzlich vergrößert werden. Stabförmige und plattenförmige Werkstücke müssen senkrecht in das Abschreckmedium eingetaucht werden. In diesem Fall ist die Abkühlung zu beiden Seiten der Querschnittselemente vergleichbar, die plastischen Verformungen und die damit verbundenen Spannungen und der Verzug bleiben symmetrisch und damit relativ gering, *Bild 138*. Werden stabförmige oder plattenförmige Körper dagegen flach abgeschreckt, so kühlt z. B. bei einer Platte die untere Seite zunächst ab, die Platte wird sich in der Mitte nach oben ausbeulen. Durch die anschließende Abkühlung der oberen Plattenseite wird diese Ausbeulung rückgängig gemacht. Beide Vorgänge führen zu bleibenden, nicht symmetrischen plastischen Verformungen: Die Platte ist nicht mehr eben. Entsprechendes gilt für Stäbe, Bild 138.

Bild 138: Richtige und falsche Härtung zylindrischer Teile. Teilbild rechts: Der Bolzen wird fälschlicherweise flach abgeschreckt. Er ist nach vollständiger Abkühlung verzogen. Teilbild links: Der Bolzen wird richtig abgeschreckt. Nach Abkühlung auf Raumtemperatur ist er nicht verzogen

Es genügt nicht, die Spannungen während der Abkühlung so gering zu halten, daß keine Risse entstehen. Bei Teilen, die nach der Wärmebehandlung noch mechanisch bearbeitet werden, müssen die bei Raumtemperatur verbleibenden Eigenspannungen niedrig sein. Andernfalls können sich die Werkstücke nach einer unsymmetrischen Bearbeitung, z.B. in Form von eingefrästen Nuten oder Sackbohrungen, verziehen, da durch das Bearbeiten das Gleichgewicht der symmetrisch zwischen Rand und Kern bestehenden Spannungen gestört worden ist.

8.4.2 Warmbadhärten zur Minderung von Spannungen

Bei der Warmbadhärtung wird vor der Umwandlung ein Temperaturausgleich zwischen Rand und Kern angestrebt. *Bild 139* zeigt eine entsprechende Temperatur-Zeit-Führung, dargestellt in einem ZTU-Schaubild für isothermische Umwandlung.

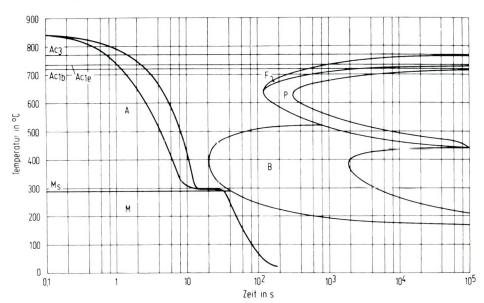

Bild 139: Temperatur-Zeit-Verlauf einer Warmbadhärtung (schematisch)

Das Bild zeigt, daß ein umwandlungsträger Bereich zwischen der Temperatur für den Beginn der Martensitbildung und dem Umwandlungsbereich der Bainitbildung für eine Warmbadhärtung erforderlich ist. Die für einen Temperaturausgleich zur Verfügung stehende Haltedauer wird durch den Beginn der Bainitbildung begrenzt. Unmittelbar vor Einsetzen der Bainitbildung wird das Werkstück abgekühlt, wobei die Abkühlungsgeschwindigkeit beliebig ist, da die Martensitmengen nur in Abhängigkeit von der Temperatur, dagegen unabhängig von der Zeit, entstehen. Die Abkühlung muß lediglich so schnell einsetzen, daß eine Bainitbildung weitgehend verhindert wird.

Wie bereits oben erwähnt, gelten die ZTU-Schaubilder für isothermische Umwandlung lediglich für die Abkühlung sehr kleiner Proben. Für eine Warmbadhärtung muß daher getrennt geprüft werden, ob während der Abkühlung - vor allem des Kernes - auf die Warmbadtemperatur nicht bereits eine Umwandlung in der Perlitstufe abläuft. Dies kann anhand der ZTU-Schaubilder für kontinuierliche Abkühlung ermittelt werden, wie es bereits für das Patentieren erläutert wurde, Bilder 127 und 128. Ist dies sichergestellt, kann anhand des entsprechenden Schaubildes für isothermische Umwandlung die Haltedauer bis zum Einsetzen der Bainitbildung zumindest abgeschätzt werden.

9 Prüfung der Eignung zur Wärmebehandlung

Die ZTA- und ZTU-Schaubilder gelten lediglich für die Schmelzen, aus denen die Proben für die Aufstellung der Schaubilder gefertigt wurden. Da die Aufstellung von ZTA- und ZTU-Schaubildern für jede Schmelze zu aufwendig ist, wurden Kurzversuche entwickelt, die eine schnelle Überprüfung der Eignung von Schmelzen zur Wärmebehandlung erlauben.

9.1 Der Stirnabschreckversuch

Im Stirnabschreckversuch nach DIN 50191 wird eine zylindrische Probe nach einer festgelegten Austenitisierung von einer Stirnseite her mit Wasser abgeschreckt, _Bild 140_. Unter diesen Bedingungen nimmt die Abkühlungsgeschwindigkeit mit zunehmendem Abstand von der Stirnfläche ab. Mißt man nach vollständiger Abkühlung der Probe auf einer parallel zur Probenachse angeschliffenen Bahn die Härte, so erhält man Werte, die dem Härteverlauf im unteren _Teilbild 141_ entsprechen. Sie ergeben sich aus dem ZTU-Schaubild. Werden die Härtewerte wie üblich über dem Stirnabstand aufgetragen, so ergibt sich wegen des dadurch verzerrten Maßstabes für die Abkühlungsdauer bis 500 °C ein etwas anderes Aussehen der Kurven. In _Bild 142_ (s. Seite 139) sind die Stirnabschreckhärtekurven für die untere und obere Analysengrenze eines Stahles 34 CrMo 4 dargestellt. Diese Grenzwerte sind in den jeweiligen Normen der Stähle festgelegt.

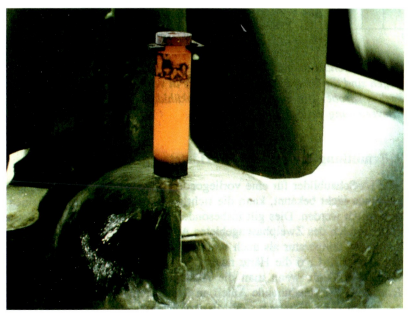

Bild 140: Anlage zum Abschrecken von Stirnabschreckproben

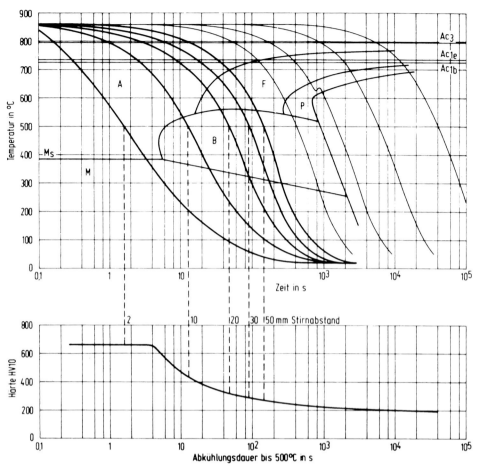

Bild 141: ZTU-Schaubild für kontinuierliches Abkühlen eines Stahles 34 CrMo 4. Eingetragen sind die Temperatur-Zeit-Verläufe in verschiedenen Stirnabständen einer Stirnabschreckprobe. Die entsprechenden Abkühldauern sind in das untere Teilbild der Härteverteilung verlängert

9.2 Ermittlung der günstigsten Härtetemperatur

Sind die ZTA-Schaubilder für eine vorliegende Schmelze oder entsprechende Angaben in Normen nicht bekannt, kann die richtige Härtetemperatur durch einen Kurzversuch ermittelt werden. Dies gilt insbesondere für Werkzeugstähle, bei denen nach Bild 45 im Bereich des Zweiphasengebietes Austenit und Carbid die erreichte Härte sowohl von der Temperatur als auch von der Zeit abhängig ist. Nach *Bild 143* fällt für einen Stahl 100 Cr 6 die Härte nach Überschreiten einer Austenitisierungstemperatur von 860 °C ab, wenn man die Austenitisierungsdauer mit 300 s konstant hält. Ursache ist der zunehmende Anteil an Restaustenit. Dieses Verhalten kann mit der sogenannten Härte-Härtetemperatur-Kurve ermittelt werden. Hierbei wird der zu härtende Querschnitt auf Temperaturen im Bereich der voraussichtlichen Austeniti-

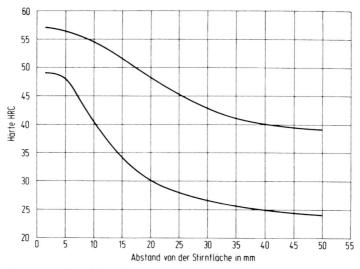

Bild 142: Härtestreuband für Stirnabschreckproben eines Stahles 34 CrMo 4 nach DIN 17200

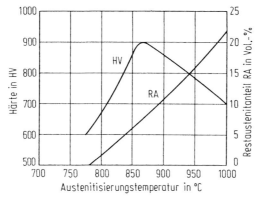

Bild 143: Härte und Restaustenitanteile in Salzwasser abgeschreckter Plättchen von 2 mm Dicke aus einem Stahl 100 Cr 6 in Abhängigkeit von der Austenitisiertemperatur für eine Haltedauer von 300 s

sierungstemperatur mit der vorgesehenen Haltedauer erwärmt und anschließend abgeschreckt. Trägt man die erreichten Härtewerte über der Austenitisierungstemperatur auf, so zeigt das Erreichen der Höchsthärte bei untereutektoidischen Stählen die günstigste Härtetemperatur an, *Bild 144*. Bei übereutektoidischen Stählen durchläuft die Härte ein Maximum, *Bild 145*. Dies ist bedingt durch den mit zunehmendem Kohlenstoffgehalt des Austenits ansteigenden Gehalt an Restaustenit, Bild 143. In diesem Fall wählt man im allgemeinen die Austenitisierungsbedingungen, die zu der Maximalhärte führen. Nach Bild 45 kann dieselbe Härte bei Werkzeugstählen durch verschiedene Kombinationen von Temperatur und Zeit erreicht werden. So ist z.B. eine Härte von 920 HV 1 erreichbar durch eine Austenitisierung 780 °C 10 s oder

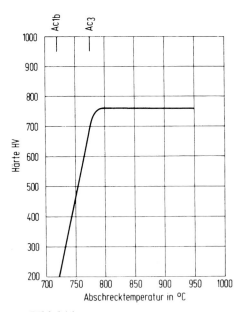

Bild 144:
Änderung der Härte mit der Abschrecktemperatur für einen Stahl Ck 45 (vgl. Bild 35)

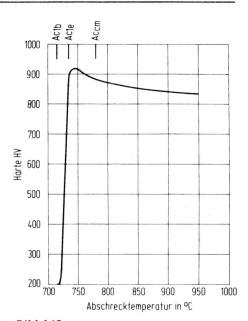

Bild 145:
Änderung der Härte mit der Abschrecktemperatur für einen Stahl C 100 (vgl. Bild 45)

750 °C 400 s. Im allgemeinen wird bei gleicher Härte bei niedrigeren Austenitisierungstemperaturen nach dem Anlassen eine höhere Zähigkeit erreicht als nach hohen Temperaturen. Dies hängt zusammen mit der trotz gleicher Härte unterschiedlichen Auflösung und Ausscheidung der Carbide in Abhängigkeit von der Austenitisierungstemperatur und der damit verbundenen unterschiedlichen Korngröße des Austenits, die wiederum zu unterschiedlichen Größen der Martensitplatten führt, vgl. Abschnitt 7.1.2.

Vielfach genügt es zur Beurteilung des Austenitisierungszustandes, nach dem Austenitisieren die Probe zu brechen. Nach richtiger Austenitisierung muß die Bruchfläche glatt und feinkörnig sein, _Bild 146_. Liegt die Austenitisierungstemperatur mit 745 °C zu niedrig, ist die Bruchfläche rauh und verzahnt. Liegt die Austenitisierungstemperatur mit 1200 °C zu hoch, ist die Bruchfläche grobkörnig. Für den Stahl 41 Cr 4 liegt die günstigste Austenitisiertemperatur zwischen 820 °C und 875 °C. Dieses mehr handwerkliche Verfahren hat den Vorteil, daß es schnell und kostengünstig eine erste Beurteilung des Austenitisierungszustandes ermöglicht.

9.3 Berechnung der Vorgänge bei der Wärmebehandlung

Die bisher anhand der ZTU-Schaubilder beschriebenen Umwandlungen der Stähle können durch geeignete Rechnerprogramme inzwischen nachvollzogen werden. Dies bedeutet, daß für ein Werkstück beliebiger Geometrie, ausgehend von der Austenitisierungstemperatur, zunächst für die vorgesehenen Abkühlungen der Temperatur-Zeit-Verlauf sowie die Umwandlungen und die damit verbundenen Längenänderungen für

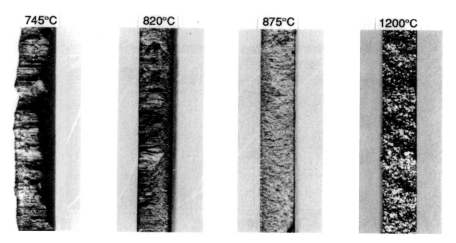

Bild 146: Änderung des Bruchaussehens in Abhängigkeit von der Austenitisiertemperatur nach Wasserabschreckung des Stahles 41 Cr 4

jedes Querschnittselement des Werkstückes berechnet werden. Dies ist insbesondere dann von Bedeutung, wenn die Temperatur-Zeit-Verläufe einer Wärmebehandlung nicht den in ZTU-Schaubildern enthaltenen entsprechen. Dies gilt z. B. für die Abkühlung der Randbereiche von Zylindern nach Bild 117 sowie für Patentieren, Bild 128, und Warmbadhärten, Bild 139. Berechnungen und Messungen zeigen, daß in bestimmten Fällen bereits geringe Änderungen der Temperatur-Zeit-Verläufe zu erheblichen Änderungen in den Volumenanteilen der entstehenden Gefügearten führen können [Kulmburg et. al. 1987]. In Bild 147 ist der Temperatur-Zeit-Verlauf für Rand und Kern eines Zylinders aus einem Stahl Ck 45 mit 60 mm Durchmesser bei Wasserabkühlung wiedergegeben. Die farbige Darstellung macht deutlich, daß bei einer geringen Änderung des Temperatur-Zeit-Verlaufes der Kurve für den Rand die Folge der entstehenden Gefüge sich stark ändern kann. Darüber hinaus zeigt ein Vergleich mit Bild 95, daß der Abkühlungsverlauf des Kernes in etwa dem für die Aufstellung des ZTU-Schaubildes gewählten entspricht, nicht jedoch der des Randes. Die Volumenanteile der Gefüge im Randbereich sind daher nach dem ZTU-Schaubild nur mit großer Unsicherheit zu ermitteln. Durch Messen der Umwandlungen für Temperatur-Zeit-Folgen, wie sie der Abkühlung des Randes eines Zylinders entsprechen, kann man zu besseren Ergebnissen gelangen. Hierfür ist der Aufwand jedoch sehr groß, da dann für jede Abmessung, jede Abkühlungsart und jede Querschnittsstelle eine getrennte Messung des Umwandlungsverhaltens erforderlich wäre. In diesen Fällen ist eine Berechnung des Umwandlungsverhaltens günstiger.

Für die Berechnung des Umwandlungsverhaltens sind nur wenige Gleichungen erforderlich [Hougardy und Yamazaki 1986]. Die Berechnung der Temperatur-Zeit-Verläufe während der Abkühlung ist nur numerisch möglich, zur Lösung bieten sich die Verfahren der finiten Elemente an. Mit den Ergebnissen stehen für ein weiteres Rechenprogramm die aufgrund der Abkühlung und der Umwandlung für jeden Zeitpunkt der Abkühlung auftretenden Volumenunterschiede zwischen den Querschnittsteilen zur Verfügung, aus denen sich die bei der Wärmebehandlung auftretenden Spannungen und plastischen Verformungen ergeben. Endergebnis einer derartigen Berechnung sind die Gefügeverteilungen über den Querschnitt eines Werkstückes

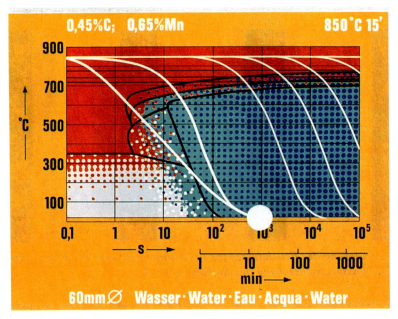

<u>Bild 147:</u> *ZTU-Schaubild für kontinuierliches Abkühlen eines Stahles Ck 45. Austenitisierung 850°C 15 min. Neben den im Dilatometer gemessenen Abkühlungskurven sind die Temperatur-Zeit-Verläufe für Rand und Kern eines Zylinders mit 60 mm Durchmesser und Wasserabkühlung eingetragen. Rot: Austenit, blau: Ferrit, grün: Zementit, blaugrün: Perlit, hellblau: Bainit, blauviolett: Martensit*

sowie die während der Abkühlung entstehenden Spannungen und die Eigenspannungen bei Raumtemperatur sowie der durch die plastischen Verformungen verursachte Verzug [Wildau und Hougardy 1987]. Beispiele für derartige Berechnungen sind in den Bildern 136 und 137 angegeben. In den Bildern 86, 89, 109 und 110 ist in Abhängigkeit von der Umwandlungstemperatur in den rechten Teilbildern die gemessene Härte angegeben. Prüft man für diese Gefügezustände zusätzlich die weiteren Eigenschaften wie Streckgrenze, Zugfestigkeit, Brucheinschnürung und Bruchdehnung, so lassen sich diese Werte in eine entsprechende Rechnung einbeziehen. Das Ergebnis ist dann die Verteilung der mechanischen Eigenschaften über den Querschnitt am Ende der Wärmebehandlung. Daß diese Rechnungen bisher nur im begrenzten Umfang eingesetzt werden, liegt vor allem daran, daß für die Rechnung erforderliche Daten wie Wärmeübergangszahl bei der Abkühlung sowie die mechanischen Eigenschaften der Werkstoffe in Abhängigkeit von der Temperatur nicht vorliegen und für jedes Beispiel erst ermittelt werden müssen. In die Rechnung geht verständlicherweise das Umwandlungsverhalten der Stähle ein, welches für das zu berechnende Beispiel in Form eines ZTU-Schaubildes für isothermische Umwandlung ermittelt werden muß.

Eine genaue Berechnung des Umwandlungsverhaltens, wie oben beschrieben, ist nicht immer erforderlich, vielfach genügt eine Stirnabschreckkurve zur Beurteilung der Streuung in der Härtbarkeit einzelner Schmelzen, vgl. Abschnitt 9.1, um die Eignung eines Werkstoffes für eine bestimmte Wärmebehandlung zu beurteilen. Für eine Stahlsorte kann diese Stirnabschreckhärtekurve heute mit sehr guter Genauigkeit aus der chemischen Zusammensetzung berechnet werden [Frodl et. at. 1986]. Bei

Anwendung dieser Gleichungen ist es wichtig, daß sie lediglich auf die Stahlsorten angewendet werden, für die sie aufgestellt wurden. Extrapolationen zu Analysenbereichen, die über die üblichen Streuwerte der jeweiligen Stahlsorte hinausgehen, können zu völlig falschen Ergebnissen führen. Hält man sich aber an diese Bedingungen, so kann aus diesen Gleichungen z. B. die Einhaltung vorgegebener Härtbarkeitsgrenzen überprüft werden.

10 Hilfen zum Erkennen von Gefügen

Mit den Bildern 90, 96, 98 und 99 bis 107 wurden bereits Hinweise gegeben, wie man vor allem nach kontinuierlicher Abkühlung die Gefüge Perlit, Bainit und Martensit voneinander unterscheiden kann. Diese Hilfen können dennoch unzureichend sein, wenn Gefüge eines völlig unbekannten Stahles zur Beurteilung vorgelegt werden. Ist zu erwarten, daß Proben dieses Stahles häufiger beurteilt werden müssen, ist es zweckmäßig, von dem jeweiligen Werkstoff eine Probe z. B. von 30 mm Durchmesser nach der Austenitisierung in Wasser abzuschrecken. Bei unlegierten Stählen entstehen dann am äußersten Rand Martensit, zur Mitte hin Gefüge aus Martensit und Bainit, Bainit mit Ferrit und Perlit sowie in der Mitte Ferrit und Perlit. Entsprechende Gefüge wurden bereits anhand des Stahles Ck 45 in Bild 96 gezeigt. In Bild 118 ist das ZTU-Schaubild für kontinuierliche Abkühlung eines Stahles Ck 35 wiedergegeben. Für den Fall einer Wasserabkühlung einer Probe mit 30 mm Durchmesser ist nach Bild 116 zu erwarten, daß der Rand in 3 s, der Kern in 12 s von 800 °C auf 500 °C abkühlt. Dies bedeutet nach Bild 118, daß der Rand bis auf 1 % Ferrit, 5 % Perlit und 3 % Bainit martensitisch umwandelt, im Kern entstehen Ferrit und Perlit.

Die Abkühlung dazwischen liegender Bereiche sind in Bild 116 nicht ohne weiteres ablesbar. Dennoch kann die Gefügeuntersuchung einer entsprechend abgeschreckten Probe sehr viele Hilfen bieten. In *Bild 148a* ist das Gefüge im Abstand von 2 mm vom Rand wiedergegeben. Der Untergrund ist Martensit, die langgestreckten, dunklen Bereiche Bainit, die rundlichen, dunklen Bereiche Perlit. Die Sicherheit in der Beurteilung dieses Gefüges ergibt sich im wesentlichen aus der 3,5 mm vom Rand liegenden Probenstelle, Bild 148b. Hier erkennt man deutlich die rundlichen, dunklen Perlitbereiche, auf den ehemaligen Austenitkorngrenzen haben sich dünne Streifen voreutektoidischen Ferrits gebildet. Der Bainit ist bei dieser Abkühlung bereits sehr viel grober geworden, so daß er sich deutlich vom Perlit unterscheiden läßt. Der hellgraue Untergrund ist wiederum Martensit. Geht man noch weiter zur Probenmitte, Bild 148c, so findet man in 7 mm Abstand vom Rand bereits deutlich die ehemaligen Austenitkorngrenzen durch voreutektoidischen Ferrit belegt, der Perlit hebt sich als dunkler Bereich von dem heller getönten Bainit ab. Hellgrau ist wiederum der Martensit. Diese Gefügeausbildung wird insbesondere in der Ausschnittvergrößerung, Bild 148d, deutlich. Das ferritisch-perlitische Gefüge im Kern der Probe ist in Bild 59 wiedergegeben. Mit diesem Hilfsmittel ist es auf einfache Weise möglich, sich Sicherheit in der Beurteilung der Gefügeausbildung bestimmter Stähle zu verschaffen, wobei zusätzlich das Ätzverhalten der einzelnen Gefügebestandteile richtig berücksichtigt werden kann.

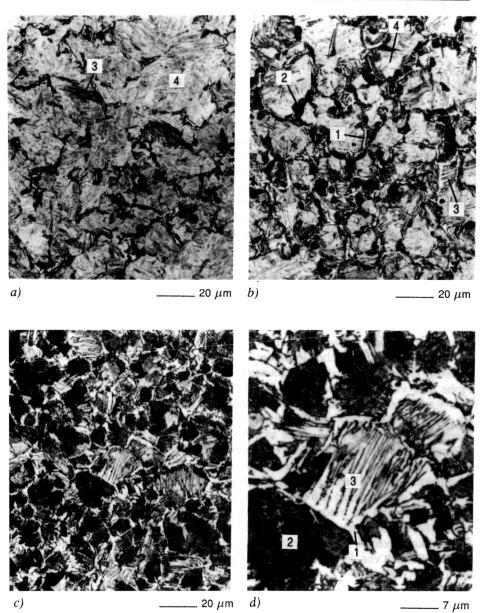

Bild 148: Gefüge in Abhängigkeit vom Randabstand eines Zylinders mit 30 mm Durchmesser aus einem Stahl Ck 35. Wärmebehandlung 900 °C 15 min / Wasser. In allen Aufnahmen sind gekennzeichnet: voreutektoidischer Ferrit auf den ehemaligen Austenitkorngrenzen (1), Perlit (2), Bainit (3) und Martensit (4). a) Randabstand 2 mm, b) Randabstand 3,5 mm, c) Randabstand 7,0 mm, d) Ausschnittvergrößerung aus Bild c). Das Gefüge in Probenmitte ist in Bild 59 wiedergegeben. Alle Proben geätzt mit Pikrinsäure + HCl

11 Kennzeichnung von Korngrößen

An dieser Stelle sind die in Abschnitt 6.1.1 erläuterten Gleichungen für eine schnelle Übersicht zusammengefaßt. Die Zahlen nach DIN 50 601 sind in Tafel 7 angegeben.

Symbole:

m = Mittlere Anzahl der Körner je mm^2
G = Kennzahl
N = Anzahl der Körner, die von einer Meßlinie geschnitten werden
L_0 = Länge einer Meßlinie

$N_L = \dfrac{N}{L_0}$

$\bar{L} = \dfrac{L_0}{N}$ mittleres Linienschnittsegment, mittlere Sehnenlänge

S = Oberfläche aller Körner im Volumen
S_V = Oberfläche der Körner je Volumeneinheit, spezifische Oberfläche

Gleichungen:

$m = 8 \cdot 2^G$

$\bar{L} = \dfrac{L_0}{N} = \dfrac{1}{N_L} \, \mu m$

$G = 10 - 6{,}6 \cdot \lg(0{,}1 \cdot \bar{L})$ ($\bar{L}$ ist in μm anzugeben)

$S_V = \dfrac{2}{\bar{L}} = 2 \cdot N_L \, \mu m^{-1}$

Tafel 7: Vergleich unterschiedlicher Kennzeichnungen von Korngrößen

G	$\bar{L}$ in μm	S_V in μm^{-1}
-2	630	0,003
-1	450	0,004
0	320	0,006
1	225	0,008
2	160	0,013
3	115	0,017
4	80	0,025
5	57	0,035
6	40	0,050
7	28	0,070
8	20	0,10
9	14	0,14
10	10	0,20
11	7	0,29
12	5	0,40

12 Literatur

Filme

Rose, A., u. *H.P. Hougardy*: In mancherlei Gestalt, die Umwandlung der Kohlenstoffstähle. Lehrfilm. Verleih (Video) Verein Deutscher Eisenhüttenleute, Düsseldorf

Hougardy, H., u. *H. de Boer*: Für vielerlei Zwecke. Die Wärmebehandlung unlegierter Stähle. Lehrfilm. Verleih (Video) Verein Deutscher Eisenhüttenleute, Düsseldorf

Lichtbildvorträge

Fervers, R.: Die Umwandlung der Kohlenstoffstähle. Lichtbildvortrag L 112. Verleih Verein Deutscher Eisenhüttenleute, Düsseldorf

Hougardy, H.: Wärmebehandlungen von unlegiertem Stahl. Lichtbildvortrag L 113. Verleih Verein Deutscher Eisenhüttenleute, Düsseldorf

Hougardy, H.: Dia-Reihe Kohlenstoffstähle. Institut für Film und Bild, Grünwald

Bücher

Das Zustandsschaubild Eisen-Kohlenstoff und die Grundlagen der Wärmebehandlung der Eisen-Kohlenstoff-Legierungen. 5. Aufl. Im Auftrage des Werkstoffausschusses des Vereins Deutscher Eisenhüttenleute neu bearbeitet von D. Horstmann, Düsseldorf, 1985

Atlas zur Wärmebehandlung der Stähle (ZTU-Schaubilder). Hrsg. vom Max-Planck-Institut für Eisenforschung in Zusammenarbeit mit dem Werkstoffausschuß des Vereins Deutscher Eisenhüttenleute. Bd. 1, T. 2. von A. Rose, W. Peter, W. Strassburg und L. Rademacher. 1954 - 1958. Bd. 2 von A. Rose und H. Hougardy. 1972

Atlas zur Wärmebehandlung der Stähle (ZTA-Schaubilder). Hrsg. vom Max-Planck-Institut für Eisenforschung in Zusammenarbeit mit der Technischen Universität Berlin und dem Werkstoffausschuß des Vereins Deutscher Eisenhüttenleute. Düsseldorf. Bd. 3, von J. Orlich, A. Rose und P. Wiest. 1973. Bd. 4, von J. Orlich und H.-J. Pietrczeniuk. 1976

Atlas of isothermal transformation diagrams. London 1949. (2. ed. 1956.) (Spec. Rep. Iron Steel Inst. No. 40.) - Atlas of isothermal transformation diagrams 2. ed. [Hrsg.:] United States Steel Corporation. Pittsburgh 1951. Suppl. 1953. - Transformation characteristics of nickel steels. [Hrsg.:] The Mond Nickel Company Limited. London 1952. - Transformation characteristics of direct-hardening nickelalloy steels. Publ. by the Mond Nickel Company Limited. London 1958. (Isothermal transformation diagrams for nickel steels. Erg. 1.) -
Courbes de transformation des aciers de fabrication francaise. [Hrsg.:] Institut de Recherches de la Sidérurgie. Saint-Germain-en Lay. Bd. 1 u. 2 von G. Delbart und A. Constant. [1953-1956]. Bd. 3 u. 4 von G. Delbart, A. Constant u. A. Clere [um

1961]. (Publications de l'Institut de Recherches de la Sidérurgie.) - Alloy steels. [Hrsg.:] Samuel Fox & Company Limited. Sheffield [um 1961]. - Economopoulos, M., N. Lambert u. L. Habraken: Diagrammes de transformation des aciers fabriqués dans le Benelux. Vol. 1. [Hrsg.:] Centre National de Recherches Métallurgiques. Bruxelles 1967. - Maratray, F., u. R. Usseglis-Nanot: Courbes de transformation de fontes blanches au chrome et ou chromemolybdéne. [Hrsg.:] Climax Molybdenum S.A. Paris 1970. - Cias, W.W.: Phase transformation kinetics and hardenability of medium-carbon alloy steels. [Hrsg.:] Climax Molybdenum Company, Greenwich Conn. (um 1972). - Continuous cooling transformation diagrams. [Hrsg.:] Fundamental Research Laboratories, R. and D. Bureau, Nippon Steel Corporation. Tokyo 1972. - Cias, W.W.: Phase transformation kinetics of selected wrought constructional steels. [Hrsg.:] Climax Molybdenum Company, Greenwich Conn. 1977. - Atlas of isothermal transformation and cooling transformation diagrams. [Hrsg.:] American Society for Metals, Metals Park, Ohio 1977.

Schrader, A., u. A. Rose: Gefüge der Stähle. Verlag Stahleisen mbH, Düsseldorf 1966. (De Ferri Metallographia. II.), Neuauflage 1989

Ausscheidungsatlas der Stähle. (Deutsch-Englisch). Hrsg. Arbeitskreis Elektronenmikroskopie des Werkstoffausschusses des Vereins Deutscher Eisenhüttenleute 1983

Grundlagen der Wärmebehandlung von Stahl. Hrsg. von W. Pitsch. Düsseldorf 1976

Grundlagen der technischen Wärmebehandlung von Stahl. Hrsg. von J. Grosch. Karlsruhe 1981

Werkstoffkunde Stahl. 2 Bde. Springer-Verlag, Berlin, Heidelberg, New York, Tokyo; Verlag Stahleisen mbh, Düsseldorf 1984 u. 1985

Petzow, G., unter Mitarb. von *J. Back* u. *T. Mager*: Metallographisches Ätzen. 5. Aufl. Berlin/Stuttgart 1976, 6. neu bearbeitete Auflage 1990

Schumann, H.: Metallographie, Leipzig 1975

Nichtrostende Stähle. Hrsg. Edelstahl-Vereinigung E.V. und Verein Deutscher Eisenhüttenleute. Düsseldorf 1989

Normen

DIN-Taschenbuch 4. Stahl und Eisen Gütenorm 1

DIN-Taschenbuch 155. Stahl und Eisen Gütenorm 2

DIN-Taschenbuch 218. Wärmebehandlung metallischer Werkstoffe

DIN EN 10020: Begriffsbestimmung für die Einteilung der Stähle

DIN 17014. T. 1. Wärmebehandlung von Eisenwerkstoffen, Begriffe

DIN 17100: Allgemeine Baustähle

DIN 17200: Vergütungsstähle

DIN 50191: Stirnabschreckversuch

DIN 50601. Bestimmung der Austenit- und Ferritkrongröße von Stahl- und Eisenwerkstoffen

Stahleisen-Prüfblatt 1680 Aufstellung von Zeit-Temperatur-Umwandlungsschaubildern für Eisenlegierungen. Neuausgabe 1990

Zitate

Atlas zur Wärmebehandlung der Stähle. Bd. 1. Hrsg. vom Max-Planck-Institut für Eisenforschung in Zusammenarbeit mit dem Werkstoffausschuß des Vereins Deutscher Eisenhüttenleute. Verlag Stahleisen. Düsseldorf 1954-1958

Atlas zur Wärmebehandlung der Stähle. Bd. 2. Hrsg. vom Max-Planck-Institut für Eisenforschung in Zusammenarbeit mit dem Werkstoffausschuß des Vereins Deutscher Eisenhüttenleute. Verlag Stahleisen. Düsseldorf 1972

Aaronson, H.I., and *Reynolds Jr., W.T.:* The bainite reaction. In: Phase Transformations '87. The Institute of Metals 1988, S. 301/308

Bhadeshia, H.K.D.H.: Bainite in steels. In: Phase Transformations '87. The Institute of Metals 1988, S. 309/314

Dahl, W.: Mechanische Eigenschaften. In: Werkstoffkunde Stahl, Band 1: Grundlagen, Kapitel C1. Springer-Verlag, Berlin, Heidelberg, New York, Tokyo; Verlag Stahleisen mbH, Düsseldorf (1984) S. 235/400

Exner, H.E., und *Hougardy, H.P.:* Einführung in die Quantitative Gefügeanalyse. Deutsche Gesellschaft für Metallkunde, deutsche Ausgabe 1986, englische Ausgabe 1988

Frodl, D.; Krieger, K.; Lepper, D.; Lübben, A.; Rohloff H.; Schüler, P., und *Schüler V.:* Errechnung der Härtbarkeit im Stirnabschreckversuch. Stahl u. Eisen 106 (1986) Nr. 24, S. 1347/53

Honeycombe, R.W.K., und *Pickering, F.B.:* Ferrite and Bainite in Alloy Steels. Met. Trans. (1972) S. 1099/1112

Hougardy, H.P.: Eignung zur Wärmebehandlung. Werkstoffkunde Stahl, Band 1: Grundlagen, Kapitel C4. Springer-Verlag, Berlin, Heidelberg, New York, Tokyo; Verlag Stahleisen mbH, Düsseldorf (1984) S. 483/528

Hougardy, H.P.: Darstellung der Umwandlungen für technische Anwendungen und Möglichkeiten ihrer Beeinflussung. Werkstoffkunde Stahl, Band 1: Grundlagen, Kapitel B9. Springer-Verlag, Berlin, Heidelberg, New York, Tokyo; Verlag Stahleisen mbH, Düsseldorf (1984) S. 198/231

Hougardy, H.P., und *Wildau, M.:* Berechnung der Wärmebehandlung von Stählen - Umwandlungsverhalten, Spannungen, Verzug. Stahl u. Eisen 105 (1985) S. 1289/96

Hougardy, H.P., und *Yamazaki, K.:* Eine verbesserte Berechnung des Umwandlungsverhaltens von Stählen. steel research 57, No. 9 (1986) S. 466/71

Hougardy, H.P., und *Sachova, E.:* Möglichkeiten der Beeinflussung von Austenitkorngrößen. steel research 57 (1986) Nr. 5, S. 188/198

ISO Norm 9042: Steels - Manual point counting method for statistical estimating the volume fraction of a constituent with a point grid

Kawalla, R.; Lotter, U., und *Schacht, E.:* Bainitausbildung in unlegierten und niedriglegierten Baustählen und Einfluß auf die Zähigkeitseigenschaften. Sonderband 21 der Praktischen Metallographie, Riederer Verlag 1990

Kubaschewski, O.: Iron Binary Phase Diagrams. Springer-Verlag, Berlin, Heidelberg, New York 1982

Kulmburg, A., Korntheuer, F., und *Kaiser, E.*: Einfluß der Abkühlungsart auf das Umwandlungsverhalten von Stählen. Härterei-Techn. Mitt. 42 (1987) 2, S. 59 ff.; Carl Hanser Verlag, München 1987

Lücke, K.: Versetzungstheorie. In: Werkstoffkunde Eisen und Stahl, Bd. 1, Teil 1: Grundlagen der Festigkeit, der Zähigkeit und des Bruchs. Hrsg.: W. Dahl. Verlag Stahleisen mbH, Düsseldorf 1983

Pitsch, W., und *Sauthoff, G.*: Gefügeaufbau der Stähle. In: Werkstoffkunde Stahl, Band 1: Grundlagen. Hrsg. Verein Deutscher Eisenhüttenleute, Springer-Verlag, Berlin, Heidelberg, New York, Tokyo; Verlag Stahleisen mbH, Düsseldorf (1984)

Pitsch, W., und *Hougardy, H.P.*: Gefügeerzeugung in Stählen. Stahl u. Eisen, Nr. 6 (1984) S. 259/65

Richter, F.: Physikalische Eigenschaften von Stählen und ihre Temperaturabhängigkeit. Stahleisen-Sonderberichte, Heft 10, Verlag Stahleisen mbH. Düsseldorf 1983

Rose, A., und *Strassburg, W.*: Kinetik der Austenitbildung unlegierter und niedriglegierter untereutektoidischer Stähle. Arch. Eisenhüttenwes. 27 (1956) Heft 8, S. 513/20

Rose, A., und *Klein, A.*: Der Ferrit in Widmannstättenscher Anordnung. Stahl u. Eisen 70 (1959) Heft 26, S. 1901/12

Rose, A.; Wicher, A., und *Ketteler, H.*: Umwandlungsverhalten und Kornwachstum vakuumbehandelter unlegierter Vergütungsstähle. Arch. Eisenhüttenwes. 34 (1963), Heft 8, S. 617 ff.

Rose, A.: Eigenspannungen als Ergebnis von Wärmebehandlungen und Umwandlungsverhalten. Härterei-Techn. Mitt. 1966, S. 1/6

Rose, A.; Krisch, A., und *Pentzlin, F.*: Der grundsätzliche Zusammenhang zwischen Umwandlungsablauf, Gefügeaufbau und mechanischen Eigenschaften am Beispiel des Vergütungstahles 50 CrMo 4. Stahl u. Eisen 91 (1971) Heft 18, S. 1001/20

Seyffahrt, P.: Atlas Schweiß-ZTU-Schaubilder, DVS Düsseldorf 1982, Fachbereich Schweißtechnik, Bd. 75

Schrader, A., und *A. Rose*: Gefüge der Stähle. Verlag Stahleisen mbH, Düsseldorf 1966. (De Ferri Metallographia. II.), Neuauflage 1989

Schürmann, E., und *Schmidt, R.*: Die Zustandslinien des Systems Eisen-Kohlenstoff bei den stabilen und instabilen Phasengleichgewichten des Austenits und Ferrits mit Graphit und Zementit sowie der Schmelze. Arch. Eisenhüttenwes. 50 (1979) S. 185/86

Wildau, M., und *Hougardy, H.*: Einfluß der Einhärtetiefe auf Spannungen und Maßänderungen zylindrischer Körper aus Stahl. Härterei-Techn. Mitt. 42 (1987) 5, S. 269/277

Wildau, M., und *Hougardy, H.P.*: Auswirkungen der M_s-Temperaturen auf Spannungen und Maßänderungen zylindrischer Körper aus einem durchhärtenden Stahl. Härterei-Techn. Mitt. 42 (1987) 5, S. 261/66

13 Sachverzeichnis

Abkühldauer 93
Abkühlungsgeschwindigkeit 90
Ac_c 40
Ac_{cm} 38, 40
Ac-Temperaturen 37
Ac_1 38
Ac_{1b} 38, 82
Ac_{1e} 38, 82
Ac_3 38, 82
Aggregatzustand 12
Alpha-Eisen, vgl. auch „Ferrit"
 5, 23
Ångström 6
Anlaßschaubild 127
Anlaßtemperatur 128, 129
ASTM-Korngrößen 45
Atom 3
Atommasse 6, 13
Atomprozent 13
Ausdehnungskoeffizient 8
Austenit, vgl. auch „Gamma-Eisen"
 25
-, Bildung 41
-, Homogenität 44
Austenitisiertemperatur 44, 48,
 51, 57
Austenitisierung 43
Austenitkorn 55
Austenitkorngröße 46

Bainit 60, 71, 74, 89
-, oberer 73
-, unterer 73

Carbid 23, 61, 71
-, ungelöstes 53
-, voreutektoidisches 104
Carbidbildner 37
chemische Elemente 3
Curie-Punkt 40

Delta-Eisen 6, 25, 33
Dichte 16
Diffusion 61
Dilatometer 8
Draht, patentiert 125
Dreiphasengebiet 37, 41
Durchhärtung 117

Eigenspannung 133
Einlagerungsmischkristall 11, 21
Eisen, reines 5, 8, 23
Eisencarbid 25
elektrischer Widerstand 10
Elementarzelle 3, 4, 6
-, Gitter 4
-, kubisch-flächenzentriert 5
-, kubisch-primitiv 4
-, kubisch-raumzentriert 5
Elemente 3
Erwärmgeschwindigkeit 43, 48
eutektisch 29
eutektische Gerade, Linie 20
- Legierung 20
- Temperatur 20
- Umwandlung 20
eutektischer Punkt 20, 25, 29
eutektisches System 19, 20
eutektoidisch 25
eutektoidische Legierung 25
- Umwandlung 25
eutektoidischer Punkt 25

Feinkornstähle 55
Fernordnung 3
Ferrit, vgl. auch „Alpha-Eisen"
 25, 61
-, voreutektoidischer 94
- in Widmannstättenscher
 Anordnung 64
feste Lösung 25
Festigkeit 76

Fließgrenze 77
flüssige Lösung 25
Fremdatome 11

Gamma-Eisen, vgl. auch „Austenit"
  5, 6, 25
Gefüge, homogene 87
Gefügedefinition 100, 103
Gemenge 11
Gerade, eutektische 20
-, eutektoidische 26
-, peritektische 34
Gewichtsprozent 12
Gitter, kubisch-flächenzentriertes 5
-, kubisch-primitives 4
-, kubisch-raumzentriertes 5
Gitterabstand 4
Gitterkonstante 4, 6
Gitterplatz 11
Gleichgewicht 17, 28
-, metastabiles 23
Graphit 21

Härte 53, 69
-, höchste 117
Härte-Bruch-Probe 140
Härte-Härtetemperatur-Kurve 138
Hebelgesetz 15, 19, 23

Isotherme 14
isothermische Austenitbildung 41

Kaltumformbarkeit 121
Kohlenstoff 21
Komponente 11, 15, 21
Konode 15, 19
Korn 4
Korngrenze 46, 55, 60
Korngröße 4, 45, 46, 79, 86, 87
Korngrößen-Kennzahl 45
Kristalle 4
Kristallgitter 4
Kristallit 4, 60
Kristallstruktur 3
kubisch-flächenzentriert (Elementarzelle, Gitter) 5
kubisch-primitives Gitter 4
kubisch-raumzentriert (Elementarzelle, Gitter) 5

Kühlzeiten, kritische 99
- $t_{8/5}$ 93

Lamelle 61, 63
Länge, relative 7, 8
Längenänderung 9
Lanzetten 65, 71
Legierung 11
-, eutektoidische 25
-, übereutektoidische 26
-, untereutektoidische 26
lineare Ausdehnung 7
Linienschnittsegment 4, 46
Liquiduslinie 14, 29
Lösung 11, 14, 25
-, feste 25
-, flüssige 25

M_3C 37
Martensit 60, 65
-, Lanzettmartensit 65
-, Plattenmartensit 65
Massenanteil 13
Massengehalt 12, 32
metastabil 23
metastabiles Gleichgewicht 23
Mischbarkeit 11, 14
Mischkorn 56
Mischkristall 11, 15
Mischkristallverfestigung 78
Mol 6
M_s-Temperatur 66
Musterbilder 74

Nadelferrit 104

Oberfläche 46

peritektisch 32, 34
peritektische Gerade 34
- Umwandlung, Reaktion 34
peritektischer Bereich 32
- Punkt 33, 34
Perlit 60, 61
Phase 11
plastische Verformung 78, 133
polymorph 5
Punkt, eutektischer 20, 25, 29

Punkt, eutektoidischer 25
-, peritektischer 33, 34
Punktanalyse 81

reines Eisen 5, 8, 23
relative Länge 7, 8
- Längenänderung 8
Restaustenit 69, 106
Richtreihe 46
Röntgendichte 6

Schmelze 15
Sehnenlänge, mittlere 46
Selbstanlassen 68
Soliduslinie 14, 29
Sondercarbide 37
Spaltbruch 78
Spaltbruchspannung 78
Spannungen 133
spezifische Grenzfläche 46
spröder Bruch 80
Stähle, mikrolegiert 37
-, übereutektoidische 40
-, unlegierte 37
-, untereutektoidische 40
Stoffmengenanteil 13
Stoffmengengehalt 13
Streckgrenze 76, 129
Substitutionsmischkristall 11

$t_{8/5}$ 93
Temperatur, eutektische 20

übereutektisch 29
übereutektoidische Legierung 26, 27
Übergangstemperatur 79
untereutektisch 29
untereutektoidische Legierung 26

Verbindung 11, 23
Verformung 133
-, homogene 80
Versetzungen 76
Verzug 134
Volumenanteile 16
voreutektoidischer Ferrit 27, 96
- Zementit 27

Wärme, freiwerdende 92
Wärmeeinflußzone 103
Weichfleckigkeit 44, 127
Weichglühgefüge 53
Werkzeugstähle 53, 121, 130
Widerstand, elektrischer 10

Zähigkeit 80, 87
Zementit 25, 61
Zerspanungseigenschaften 124
Zustandsschaubild 11
Zweiphasengebiet 15, 37, 41, 53
Zweistoffsystem 13
Zwischenstufengefüge 71

Errata und Nachträge (Stand: August 2003)

Einleitung, Seite 2, letzter Absatz
Von den erwähnten 1984/85 erschienenen Bänden 1 und 2 der „Werkstoffkunde Stahl" ist lediglich Band 2 noch lieferbar.
Der Band „De Ferri Metallographia II, Gefüge der Stähle" ist inzwischen vergriffen.

Seite 7, 2. Gleichung
Statt „yFür..." muß es heißen: „Für...".

Seite 8, erste Zeile
Statt „... sind temperaturabhängige Größen ..." muß es heißen: „... sind temperaturunabhängige Größen ...".

Seite 8, nach Gleichung 3, ab „T_0 ist die Ausgangstemperatur,..."
In der Schreibweise der folgenden Gleichungen haben T_0, T und ΔT die Dimension Grad Celsius (grd.)
Die Längendimension für L_0, L_T und ΔL ist beliebig (z.B m oder mm), sie muß aber für alle eingesetzten Zahlenwerte dieselbe sein.

Seite 9, Gleichung (4)
L_0 und ℓ_0 haben die Dimension einer Länge (z.B. m oder mm). L_T hat dieselbe Dimension wie L0, ℓ_T dieselbe wie ℓ_0.

Seite 9, letzte Tabelle (Berechnung der Gesamtausdehnung von reinem Eisen)
T und ΔT sind in grd einzusetzen, L_T und L_0 müssen in allen 3 Gleichungen dieselbe Längendimension haben (z.B. m oder mm)

Seite 10
Die Dimensionen der Gleichungen sind Grad Celsius (grd)
Dementsprechend ist in der ersten Gleichung die Dimension „grd" zu ergänzen.
In der zweiten Gleichung muß es statt „K^{-1}" heißen „grd^{-1}„

Seite 17, 3. Zeile
Hinter „ Massenanteil" ist zu ergänzen: „Zur Definition von Zementit und Ferrit vgl. Abschnitt 4.2.1."

Seite 18, 7. Zeile:
Statt „... nicht mehr ändert..." muß es heißen: „... nicht mehr ändern ...".

Seite 19, 6. Zeile von unten:
Statt „... stehen im Gleichgewicht..." muß es heißen: „... stehen nach Bild 10 im Gleichgewicht..."

Errata

Seite 19, 2. Zeile von unten:
Statt „ändern sich bei 600°C ..." muß es heißen: „ändern sich nach Bild 11 bei 600°C ..."

Seite 27, 10. Zeile von unten:
Statt „... Anteil bei 723°C 12,5 erreicht, ..." muß es heißen: „... Anteil bei 723°C 12,5% erreicht..." .

Seite 37, vorletzte Zeile des dritten Absatzes
Statt „... im Gleichgewicht angenäherte Temperaturen ..." muß es heißen „... dem Gleichgewicht angenäherte Temperaturen ...".

Seite 42, vorletzte Zeile über dem Kleingedruckten:
Statt „... Bild 30 ..." muß es heißen „... Bild 29 ...".

Seite 44, Ende des ersten Absatzes
Statt „... unabhängig von der Austenitisierungsdauer ist." muß es heißen: „... unabhängig von der weiteren Austenitisierungsdauer ist."

Seite 49, 2. Zeile des Kleingedruckten:
Statt „... gleichzeitig Ferrit, Perlit, Carbid und Austenit vor." muß es heißen: „... gleichzeitig Ferrit, Carbid und Austenit vor."

Seite 50, Unterschrift zu Bild 42
In der Unterschrift ist zu ergänzen: „Dargestellt für einen untereutektoidischen Stahl".

Seite 50, 8. Zeile
Statt „... nach den Bilder 33 und 40 ..." muß es heißen: „... nach den Bildern 33 und 40 ...".

Seite 50, 3. Zeile oberhalb des Abschnittes 6.2
Statt „... bei Randschichthärten ..." muß es heißen: „... beim Randschichthärten ...".

Seite 53, dritte Zeile in Abschnitt 6.3
Statt „ZTU-Schaubild ..." muß es heißen: „ZTA-Schaubild ...".

Seite 71, 2. Zeile:
Statt „... Matallkundler) ..." muß es heißen „... Metallkundler) ..."

Seite 71, 2. Zeile oberhalb des Bildes:
Statt „Dies ist in den Bilder 73 und 74 ..." muß es heißen: „Dies ist in den Bildern 73 und 74 ..."

Seite 83, 7. Zeile des Kleingedruckten:
Statt „nach 2,1s die Bildung von Perlit." muß es heißen: „nach 3,1 s die Bildung von Perlit."

Seiten 94 und 95
Die Abbildungen zu Bild 96 sind zum Teil vertauscht. Richtig ist:
Zur Unterschrift 96b) gehört das Gefügebild 96d)
Zur Unterschrift 96c) gehört das Gefügebild 96b)
Zur Unterschrift 96d) gehört das Gefügebild 96e)
Zur Unterschrift 96e) gehört das Gefügebild 96c)
Die Maßstäbe gehören immer zu den Gefügebildern, an denen sie stehen.

Seite 113, Abschnitt 8.1, Zeile 5
Statt „... Randquerschnitte ..." muß es heißen: „... Rundquerschnitte ..."

Seite 134, Bild 137
Über der linken Zeichnung ist die Angabe „a)", über der zweiten Zeichnung von links ist „b)", über der dritten Zeichnung ist „c)" und über letzten Zeichnung rechts „d)" einzufügen.

Seite 141, Absatz 9.3
Die ersten beiden Sätze sind zu ersetzen durch:
Die bisher anhand der ZTA- und ZTU- Schaubilder beschriebenen Vorgänge bei der Austenitisierung und Umwandlung der Stähle können inzwischen durch geeignete Rechnerprogramme nachvollzogen werden. Für ein Werkstück beliebiger Geometrie können - entsprechend den jeweiligen Erwärm - und Abkühlbedingungen - für jedes Querschnittselement der Temperatur - Zeitverlauf für die Erwärmung einschließlich der Austenitisierungsdauer sowie die anschließende Abkühlung berechnet werden. Hieraus lassen sich die während des Temperatur- Zeitverlaufes ablaufende Bildung des Austenits, die entstehende Austenitkorngröße und die anschließende Umwandlung ebenso berechnen wie die damit verbundenen Längenänderungen des Werkstückes [Fonseca; „Simulation der Gefügeumwandlungen und des Austenitkornwachstums bei der Wärmebehandlung von Stählen", Dissertation, Aachen, 1996].

Seite 149, Lichtbildvorträge
Hougardy, H.: Dia-Reihe Kohlenstoffstähle. Institut für Film und Bild, Grünwald ist nicht mehr verfügbar

Seite 150
Folgende Bücher sind nicht mehr lieferbar:
- Schrader, A. u. A. Rose: Gefüge der Stähle, Verlag Stahleisen mbH, Düsseldorf 1966. (De Ferri Metallographia. II.) Neuauflage 1989
- Grundlagen der Wärmebehandlung von Stahl. Hrsg. von W. Pitsch. Düsseldorf 1976
- Grundlagen der technischen Wärmebehandlung von Stahl. Hrsg. von J. Grosch. Karlsruhe 1981
- Werkstoffkunde Stahl, Bd. 1. Springer Verlag, Berlin, Heidelberg, New York, Tokio; Verlag Stahleisen mbH, Düsseldorf 1984.
- Nichtrostende Stähle. Hrsg. Edelstahl-Vereinigung e.V. und Verein Deutscher Eisenhüttenleute. Düsseldorf 1989

Als Neuauflagen sind erhältlich:
- Petzow, G., unter Mitarbeit von V. Carle: Metallographisches, Keramographisches und Plastographisches Ätzen. Berlin/Stuttgart 1994. ISBN 3-443-23014-8
- Schumann, H., Metallographie, Weinheim 2003, 14. Überarb. und erw. Auflage. ISBN 3527-30679-X

Normen, Seiten 150 und 151
Einige DIN-Normen sind ersetzt durch EN- oder ISO-Normen, Namen wurden geändert. Die Änderungen sind:
- **Bisherige Bezeichnung:**
  DIN-Taschenbuch 218. Wärmebehandlung metallischer Werkstoffe.
  Neue Bezeichnung:
  DIN -Taschenbuch 218. Werkstofftechnologie 1; Wärmebehandlungstechnik

- **Bisherige Bezeichnung:**
  DIN 17014. T.1. Wärmebehandlung von Eisen Werkstoffen, Begriffe
  Neue Bezeichnung:
  DIN EN 10052: Begriffe der Wärmebehandlung von Eisenwerkstoffen

- **Bisherige Bezeichnung:**
  DIN 17100: Allgemeine Baustähle
  Neue Bezeichnung:
  DIN EN 10025: Warmgewalzte Erzeugnisse aus unlegierten Baustählen.

- **Bisherige Bezeichnung:**
  DIN 17200: Vergütungsstähle
  Neue Bezeichnung:
  DIN EN 10083: Vergütungsstähle

- **Bisherige Bezeichnung:**
  DIN 50191: Stirnabschreckversuch
  Neue Bezeichnung:
  DIN EN ISO 642: Stahl - Stirnabschreckversuch (Jominy-Versuch)